학기별 계산력 강화 프로그램

KB164458

바쁜 5학년을 위한

빠른 교과서 연산

학교 진도 맞춤 연산 5-1학기

이지스에듀

저자 소개

징검다리 교육연구소 적은 시간을 투입해도 오래 기억에 남는 학습의 과학을 생각하는 이지스에듀의 공부 연구소입니다. 아이들이 기계적으로 공부하지 않도록, 두뇌가 활성화되는 과학적 학습 설계가 적용된 책을 만듭니다.

최순미 선생님은 징검다리 교육연구소의 대표 저자입니다. 이지스에듀에서 《바쁜 5·6학년을 위한 빠른 연산법》과 《바쁜 3·4학년을 위한 빠른 연산법》, 《바쁜 1·2학년을 위한 빠른 연산법》 시리즈를 집필, 새로운 교육과정에 걸맞은 연산 교재로 새 바람을 불러일으켰습니다. 지난 20여 년 동안 EBS, 디딤돌 등과 함께 100여 종이 넘는 교재 개발에 참여해 왔으며 《EBS 초등 기본서 만점왕》, 《EBS 만점왕 평가문제집》 등의 참고서 외에도 《눈높이수학》 등 수십 종의 교재 개발에 참여해 온, 초등 수학 전문 개발자입니다.

바빠 교과서 연산 시리즈 ⑨

바쁜 5학년을 위한
빠른 교과서 연산 5-1학기

초판 발행 2019년 6월 27일
초판 11쇄 2024년 12월 15일
지은이 징검다리 교육연구소, 최순미
발행인 이지연
펴낸곳 이지스퍼블리싱(주)
출판사 등록번호 제313-2010-123호
주소 서울시 마포구 잔다리로 109 이지스빌딩 5층(우편번호 04003)
대표전화 02-325-1722 팩스 02-326-1723
이지스퍼블리싱 홈페이지 www.easyspub.com 이지스에듀 카페 www.easysedu.co.kr
바빠 아지트 블로그 blog.naver.com/easyspub 인스타그램 @easys_edu
페이스북 www.facebook.com/easyspub2014 이메일 service@easyspub.co.kr

기획 및 책임 편집 박지연, 조은미, 정지연, 김현주, 이지혜 교정 박현진, 나선경 문제풀이 이홍주 감수 한정우
일러스트 김학수 표지 및 내지 디자인 이유경, 정우영 전산편집 아이에스 인쇄 보광문화사
영업 및 문의 이주동, 김요한(support@easyspub.co.kr) 독자 지원 박애림, 김수경 마케팅 라혜주

잘못된 책은 구입한 서점에서 바꿔 드립니다.
이 책에 실린 모든 내용, 디자인, 이미지, 편집 구성의 저작권은 이지스퍼블리싱(주)과 지은이에게 있습니다.
허락 없이 복제할 수 없습니다.

이 책의 전자책 판도 온라인 서점에서 구매할 수 있습니다.
교사나 부모님들이 스마트폰이나 패드로 보시면 유용합니다.

ISBN 979-11-6303-089-8 64410
ISBN 979-11-6303-032-4(세트)
가격 9,000원

• **이지스에듀**는 이지스퍼블리싱의 교육 브랜드입니다.
(이지스에듀는 학생들을 탈락시키지 않고 모두 목적지까지 데려가는 책을 만듭니다!)

덜 공부해도 더 빨라지네? 왜 그럴까?

☆ 이번 학기에 필요한 연산을 한 권에 담은 두 번째 수학 익힘책!

'바빠 교과서 연산'은 이번 학기에 필요한 연산만 모아 똑똑한 방식으로 훈련하는 '학교 진도 맞춤 연산 책'입니다. 실제 요즘 학교에서 배우는 방식으로 설명하고, 작은 발걸음 방식으로 차근차근 문제를 풀도록 배치했습니다. 교과서 부교재처럼 이 책을 푼 후, 학교에 가면 반복 학습 효과가 높을 뿐 아니라 수학에 자신감도 생깁니다.

☆☆ 친구들이 자주 틀린 연산 집중 훈련으로 똑똑하게 완성!

공부는 양보다 질이 더 중요합니다. 쉬운 연산을 반복해서 풀기보다는 내가 약한 연산을 강화해야 실력이 쌓입니다. 그래서 이 책은 연산의 기본기를 다진 다음 친구들이 자주 틀리는 연산만 따로 모아 집중 훈련합니다. 또래 친구들이 자주 틀린 문제를 나도 틀릴 확률이 높기 때문이지요.

또 '내가 틀린 문제'를 따로 적어 한 번 더 복습합니다. 이렇게 훈련하면 적은 시간을 공부해도 연산 실수를 확실히 줄일 수 있습니다. 5분을 풀어도 15분 푼 것과 같은 효과를 누릴 수 있는 거죠!

☆☆☆ 수학 전문학원들의 연산 꿀팁이 담겨 적은 분량을 공부해도 효과적!

기존의 연산 책들은 계산 속도가 빨라지는 비법을 알려주는 대신 무지막지한 양을 풀게 해 아이들이 연산에 질리는 경우가 많았습니다. 바빠 교과서 연산은 수학 전문학원 원장님들의 노하우가 담긴 연산 꿀팁을 곳곳에 담아, 적은 분량을 훈련해도 계산이 더 빨라집니다!

☆☆☆☆ 목표 시계는 압박하지 않으면서 집중하게 도와 줘요!

각 쪽마다 목표 시간이 적힌 시계가 있습니다. 이 시계는 속도를 독촉하기 위한 게 아니에요. 제시된 목표 시간은 딴짓하지 않고 풀면 보통의 5학년이 풀 수 있는 시간입니다. 시간 안에 풀었다면 웃는 얼굴 ☺에, 못 풀었다면 찡그린 얼굴 ☹에 색칠하세요.

이 책을 끝까지 푼 후, 찡그린 얼굴에 색칠한 쪽만 복습한다면 정말 효과 높은 나만의 맞춤 연산 강화 훈련이 될 거예요.

1. 연산도 학기 진도에 맞추면 효율적! — 학교 진도에 맞춘 학기별 연산 훈련서

'바빠 교과서 연산'은 최근 개정된 초등 수학 교과서의 단원을 제시한 연산 책입니다! 이번 학기 수학 교육과정이 요구하는 연산을 한 권에 모아 훈련할 수 있습니다.

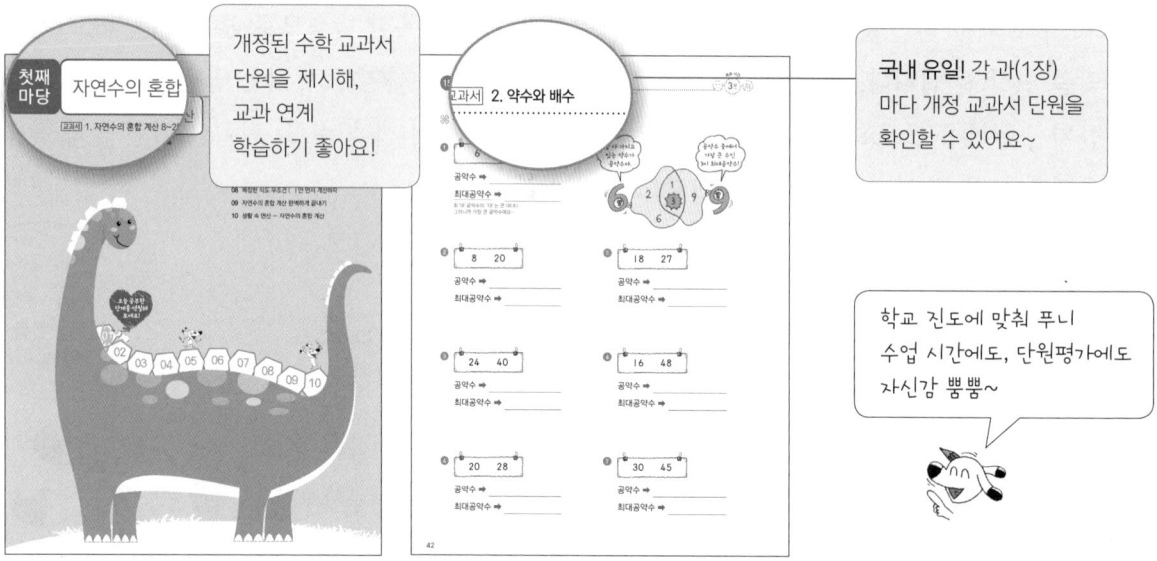

2. '앗 실수'와 '내가 틀린 문제'로 시간을 낭비하지 않는 똑똑한 훈련법!

'앗! 실수' 코너로 친구들이 자주 틀리는 연산을 한 번 더 훈련하고 '내가 틀린 문제'도 직접 쓰고 복습합니다. 약한 연산에 집중하는 것이 바로 시간을 허비하지 않는 비법입니다.

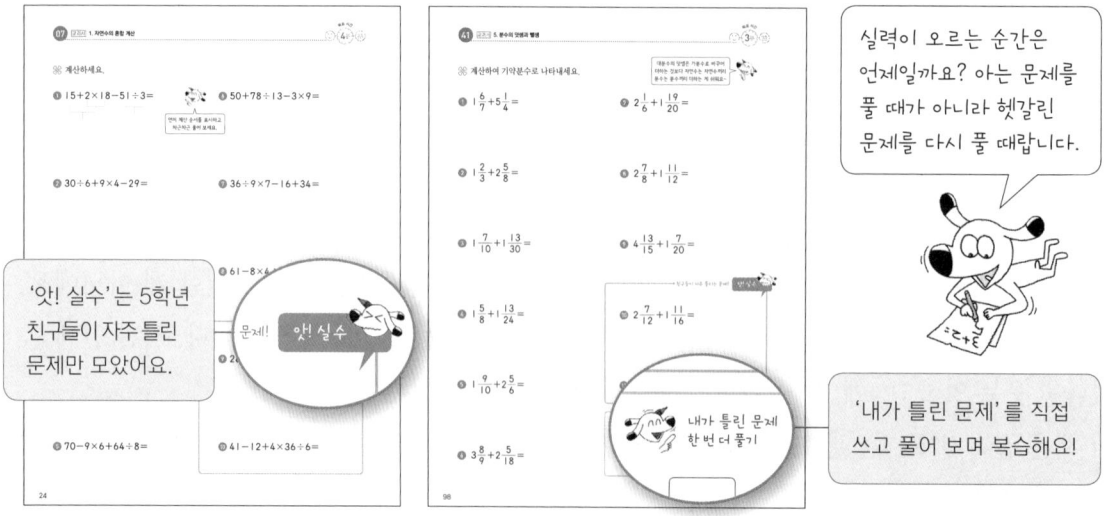

3. 수학 전문학원의 연산 꿀팁과 목표 시계로 학습 효과를 2배 더 높였다!

이 책에는 수학 전문학원 원장님들의 노하우가 담긴 연산 꿀팁이 가득 담겨 있습니다. 또 5학년이 충분히 풀 수 있는 목표 시간을 제시하여 집중하는 재미와 성취감까지 동시에 느낄 수 있습니다.

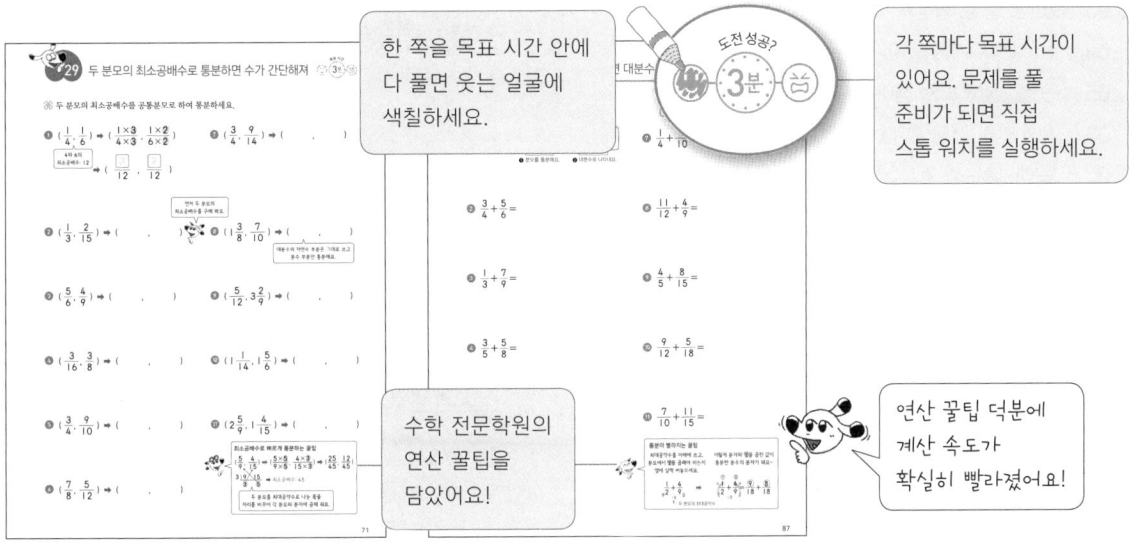

4. 보너스! 기초 문장제로 확인하고 다양한 활동으로 수 응용력까지 키운다!

2019년부터 시험의 절반 이상을 서술형으로 바꾸도록 권장하는 등 점점 '서술형'의 비중이 높아집니다. 따라서 연산 훈련도 문장제까지 이어 주면 효과적입니다. 각 마당의 공부가 끝나면 '생활 속 문장제'와 '맛있는 연산 활동'으로 수 감각과 응용력을 키우며 마무리합니다.

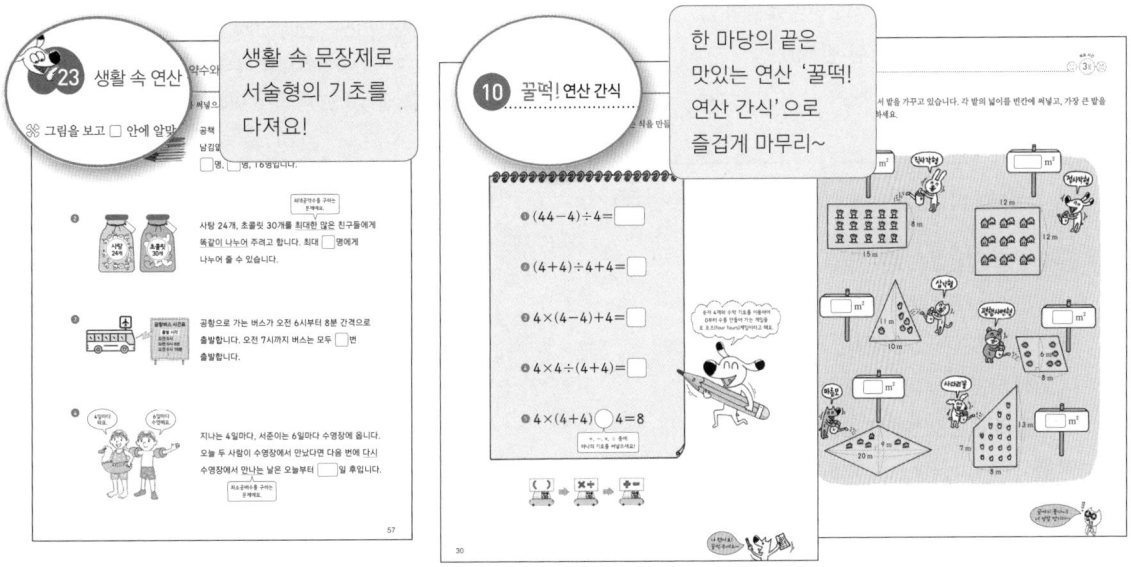

목 차

바쁜 5학년을 위한 빠른 교과서 연산 5-1

연산 훈련이 필요한 학교 진도 확인하기

첫째 마당 · 자연수의 혼합 계산 9

01 덧셈과 뺄셈이 섞인 식은 앞에서부터!
02 곱셈과 나눗셈이 섞인 식도 앞에서부터!
03 덧셈, 뺄셈, 곱셈이 섞인 식은 곱셈 먼저!
04 ( ) 안이 가장 먼저! 곱셈은 덧셈, 뺄셈보다 먼저!
05 덧셈, 뺄셈, 나눗셈이 섞인 식은 나눗셈 먼저!
06 ( ) 안이 가장 먼저! 나눗셈은 덧셈, 뺄셈보다 먼저!
07 곱셈, 나눗셈 먼저! 덧셈, 뺄셈은 뒤에 계산하자
08 복잡한 식도 무조건 ( ) 안 먼저 계산하자
09 자연수의 혼합 계산 완벽하게 끝내기
10 생활 속 연산 — 자연수의 혼합 계산

교과서 1. 자연수의 혼합 계산

- 덧셈과 뺄셈이 섞여 있는 식
- 곱셈과 나눗셈이 섞여 있는 식
- 덧셈, 뺄셈, 곱셈이 섞여 있는 식
- 덧셈, 뺄셈, 곱셈, 나눗셈이 섞여 있는 식

지도 길잡이 5학년 1학기 첫 단원에서는 자연수의 혼합 계산을 배웁니다. 혼합 계산은 계산 순서를 정확히 아는 것이 가장 중요합니다. 계산 순서를 먼저 표시한 다음 풀도록 지도해 주세요.

둘째 마당 · 약수와 배수 31

11 약수는 어떤 수를 나누어떨어지게 하는 수
12 곱셈식으로 약수를 구할 수도 있어
13 배수는 어떤 수를 몇 배 한 수
14 나누어떨어지면 약수와 배수의 관계!
15 공약수와 최대공약수 알아보기
16 최대공약수는 공통으로 있는 수들의 곱!
17 두 수의 공약수가 1뿐일 때까지 나누자
18 최대공약수 구하기 연습 한 번 더!
19 공배수와 최소공배수 알아보기
20 공통으로 들어 있는 곱에 남은 수들을 곱하자
21 최소공배수는 나눈 공약수와 남은 수들의 곱!
22 최소공배수 구하기 연습 한 번 더!
23 생활 속 연산 — 약수와 배수

교과서 2. 약수와 배수

- 약수와 배수
- 약수와 배수의 관계
- 공약수와 최대공약수
- 최대공약수 구하기
- 공배수와 최소공배수
- 최소공배수 구하기

지도 길잡이 공약수와 최대공약수는 다음 마당에서 배우게 될 약분의 기초가 되고, 공배수와 최소공배수는 통분의 기초가 됩니다. 용어와 개념을 정확히 이해하고 구할 수 있도록 지도해 주세요. 본문에 제시된 한자어에 대한 설명을 곁들이면 더 쉽게 이해할 수 있습니다.

셋째 마당 · 약분과 통분 59

24 곱해서 크기가 같은 분수 만들기
25 나누어서 크기가 같은 분수 만들기
26 약분하면 분수가 간단해져
27 더 이상 약분이 안되는 분수가 기약분수!
28 두 분모의 곱을 이용하면 통분이 빨라져
29 두 분모의 최소공배수로 통분하면 수가 간단해져
30 분모가 다른 분수의 크기 비교는 통분 먼저!
31 두 분수씩 짝지어 비교하기

교과서 4. 약분과 통분

- 크기가 같은 분수
- 분수를 간단하게 나타내기
- 분모가 같은 분수로 나타내기
- 분수의 크기 비교
- 분수와 소수의 크기 비교

32 세 분수는 두 분수씩 차례로 비교하자
33 분수와 소수의 크기 비교하기
34 생활 속 연산 — 약분과 통분

지도 길잡이 기약분수로 나타낼 때 최대공약수로 한 번에 나누는 것이 편리하다는 것을 알려주세요.
통분은 두 분모의 곱을 이용하거나 두 분모의 최소공배수를 이용하는 방법 두 가지 모두 충분히 연습해야 합니다.

넷째 마당 · 분수의 덧셈과 뺄셈 83

35 분모가 다르면 통분한 다음 더하자
36 계산 결과가 가분수이면 대분수로 바꾸자
37 통분한 다음 자연수끼리, 분수끼리 더하자
38 분수끼리의 합이 가분수이면 대분수로 바꾸자
39 대분수를 가분수로 바꾸어 더하는 연습도 필요해
40 대분수를 가분수로 바꾸어 더하는 연습 한 번 더!
41 받아올림이 있는 분수의 덧셈 집중 연습
42 분모가 다른 분수의 덧셈 완벽하게 끝내기
43 분모가 다르면 통분한 다음 빼자
44 통분한 다음 자연수끼리, 분수끼리 빼자
45 자연수 부분에서 1만큼을 가분수로 바꾸어 빼자
46 대분수를 가분수로 바꾸어 빼는 연습도 필요해
47 대분수를 가분수로 바꾸어 빼는 연습 한 번 더!
48 받아내림이 있는 분수의 뺄셈 집중 연습
49 분모가 다른 분수의 뺄셈 완벽하게 끝내기
50 생활 속 연산 — 분수의 덧셈과 뺄셈

교과서 5. 분수의 덧셈과 뺄셈

- 분모가 다른 진분수의 덧셈
- 분모가 다른 진분수의 뺄셈
- 분모가 다른 대분수의 덧셈
- 분모가 다른 대분수의 뺄셈

지도 길잡이 분모가 다른 덧셈과 뺄셈은 바로 계산할 수 없기 때문에 통분이 꼭 필요합니다. 분모의 최소공배수로 통분하면 수가 간단해져서 계산이 편리하다는 것을 알려주세요. 계산 결과가 가분수이면 대분수로 바꾸어 나타내고, 약분이 되면 기약분수로 나타내는 것이 좋습니다.

다섯째 마당 · 다각형의 둘레와 넓이 117

51 정다각형의 둘레는 한 변의 길이와 변의 수의 곱
52 사각형의 둘레는 두 변의 길이의 합의 2배
53 직사각형의 넓이는 두 변의 길이의 곱
54 평행사변형의 넓이는 밑변과 높이의 곱
55 삼각형의 넓이는 밑변과 높이의 곱의 반
56 마름모의 넓이는 두 대각선의 길이의 곱의 반
57 사다리꼴의 넓이는 두 변과 높이를 먼저 찾자
58 생활 속 연산 — 다각형의 둘레와 넓이

교과서 6. 다각형의 둘레와 넓이

- 정다각형, 사각형의 둘레 구하기
- 직사각형, 평행사변형, 삼각형, 마름모, 사다리꼴의 넓이 구하기

지도 길잡이 다각형의 둘레와 넓이를 구하는 공식은 외워서 바로 떠오르게 연산해야 시간을 단축할 수 있습니다. 반드시 공식을 외우고 풀도록 지도해 주세요.

바쁜 5학년을 위한 빠른 교과서 연산 5-2 목차		연산 훈련이 필요한 학교 진도 확인하기
첫째 마당	수의 범위와 어림하기	1. 수의 범위와 어림하기
둘째 마당	분수의 곱셈	2. 분수의 곱셈
셋째 마당	소수의 곱셈	4. 소수의 곱셈
넷째 마당	평균	6. 평균과 가능성

☆ 나만의 공부 계획을 세워 보자

나의 권장 진도 ____ 일

- ☑ 저는 수학 문제집만 보면 졸려요.
- ☑ 예습하는 거예요.
- ☑ 초등 5학년이지만 수학 문제집을 처음 풀어요.

하루 한 장 60일 완성!

1일차	1과
2일차	2과
3~58일차	하루에 한 과 (1장)씩 공부!
59, 60일차	틀린 문제 복습

- ☑ 자꾸 연산 실수를 해서 속상해요.
- ☑ 지금 5학년 1학기예요.
- ☑ 초등 5학년으로, 수학 실력이 보통이에요.

하루 두 장 30일 완성!

1일차	1, 2과
2일차	3, 4과
3~29일차	하루에 두 과 (2장)씩 공부!
30일차	틀린 문제 복습

- ☑ 저는 더 빨리 풀고 싶어요.
- ☑ 수학을 잘하지만 실수를 줄이고 싶어요.
- ☑ 복습하는 거예요.

하루 세 장 20일 완성!

1일차	1~4과
2일차	5~7과
3~19일차	하루에 세 과 (3장)씩 공부!
20일차	틀린 문제 복습

▶ 이 책을 지도하는 학부모님께!

1.하루 딱 10분,

연산 공부 환경을 만들어 주세요.

2.목표 시간은

속도를 재촉하기 위한 것이 아니라 공부 집중력을 위한 장치입니다.

아이가 공부할 때 부모님도 스마트폰이나 TV를 꺼 주세요. 한 장에 10분 내외면 충분해요. 이 시간만큼은 부모님도 책을 읽거나 연산 책을 같이 푸는 모습을 보여 주세요! 그러면 아이는 자연스럽게 집중하여 공부하게 됩니다.

책 속에 제시된 목표 시간은 속도 측정용이 아니라 정확하게 풀 수 있는 넉넉한 시간입니다. 그러므로 복습용으로 푼다면 목표 시간보다 빨리 푸는 게 좋습니다.

♥그리고 공부를 마치면 꼭 칭찬해 주세요! ♥

첫째 마당 자연수의 혼합 계산

교과서 1. 자연수의 혼합 계산

01 덧셈과 뺄셈이 섞인 식은 앞에서부터!

02 곱셈과 나눗셈이 섞인 식도 앞에서부터!

03 덧셈, 뺄셈, 곱셈이 섞인 식은 곱셈 먼저!

04 ( ) 안이 가장 먼저! 곱셈은 덧셈, 뺄셈보다 먼저!

05 덧셈, 뺄셈, 나눗셈이 섞인 식은 나눗셈 먼저!

06 ( ) 안이 가장 먼저! 나눗셈은 덧셈, 뺄셈보다 먼저!

07 곱셈, 나눗셈 먼저! 덧셈, 뺄셈은 뒤에 계산하자

08 복잡한 식도 무조건 ( ) 안 먼저 계산하자

09 자연수의 혼합 계산 완벽하게 끝내기

10 생활 속 연산 — 자연수의 혼합 계산

✪ 자연수의 혼합 계산

① 덧셈과 뺄셈이 섞여 있는 식은 앞에서부터!

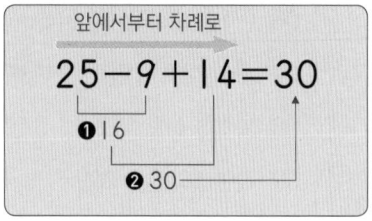

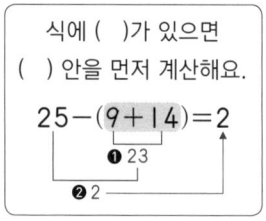

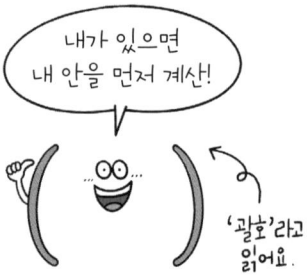

② 곱셈과 나눗셈이 섞여 있는 식도 앞에서부터!

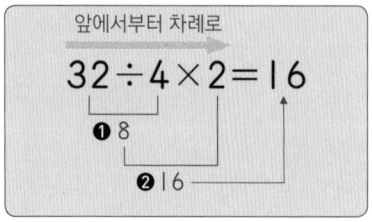

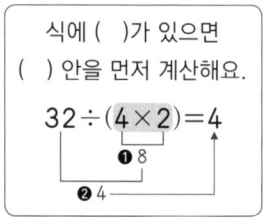

③ 덧셈, 뺄셈, 곱셈, 나눗셈이 섞여 있는 식은 곱셈과 나눗셈 먼저!

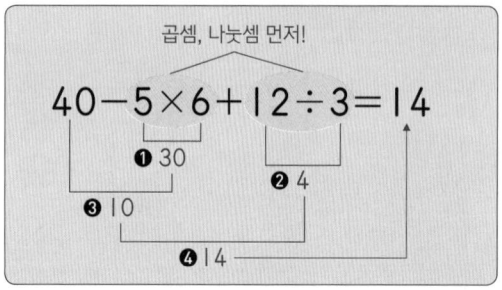

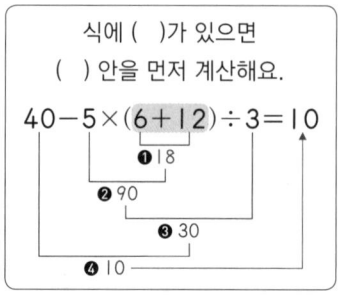

01 덧셈과 뺄셈이 섞인 식은 앞에서부터!

계산하세요.

앞에서부터 차례로

❶ 15+9−6= ☐

❶ 24

❷ 18

❷ 16−7+12= ☐

❸ 23+29−16=

식 아래에 계산 순서를
표시해 두면 실수가
줄어요.

❹ 30−13+25=

❺ 36+14−21=

❻ 45−29+17=

❼ 35+7−13=

❽ 61−32+14=

❾ 43+28−34=

❿ 54−37+12=

⓫ 72+19−29=

⓬ 80−54+35=

[혼합 계산은 먼저 계산 순서를 식 아래에 표시한 다음 계산하는 습관을 들이면 실수를 줄일 수 있습니다.]

목표 시간 2분

계산하세요.

( ) 안 먼저!

❶ 17+(14−8)=

❶ 6

❷ 23

제일 먼저 괄호 안을 계산해야 되지요?

❷ 30−(5+19)=

❸ 32+(23−15)=

❹ 52−(16+27)=

❺ 43+(26−18)=

❻ 70−(35+29)=

❼ 25+(24−7)=

❽ 61−(25+9)=

❾ 13+(50−12)=

❿ 80−(17+34)=

⓫ 48+(63−45)=

⓬ 76−(29+19)=

02 곱셈과 나눗셈이 섞인 식도 앞에서부터!

계산하세요.

앞에서부터 차례로

곱셈과 나눗셈이 섞여 있으면 앞에서부터 순서대로 계산해요.

❶ $12 \times 3 \div 6 =$ ☐

❶ 36

❷ 6

❷ $24 \div 8 \times 13 =$ ☐

❸ $15 \times 4 \div 3 =$

식 아래에 계산 순서를 표시하고 풀어 보세요~

❹ $35 \div 5 \times 8 =$

❺ $24 \times 3 \div 2 =$

❻ $42 \div 6 \times 10 =$

❼ $12 \times 7 \div 4 =$

❽ $48 \div 3 \times 6 =$

❾ $33 \times 3 \div 9 =$

❿ $88 \div 11 \times 7 =$

계산하세요.

( )가 있으면 무조건 ( ) 안부터 먼저 계산하면 돼요~

( ) 안 먼저!

❶ $8\times(28\div7)=$ □

❶ 4

❷ 32

❷ $56\div(2\times7)=$ □

❸ $5\times(54\div6)=$

❹ $45\div(5\times3)=$

❺ $7\times(18\div2)=$

❻ $72\div(3\times6)=$

❼ $14\times(28\div7)=$

❽ $84\div(7\times3)=$

❾ $3\times(60\div4)=$

❿ $96\div(4\times8)=$

⓫ $4\times(65\div5)=$

⓬ $120\div(5\times4)=$

03 덧셈, 뺄셈, 곱셈이 섞인 식은 곱셈 먼저!

계산하세요.

곱셈 먼저!

❶ 26+5×3−14=

❶ 15

❷ 41

❸ 27

❷ 12×3−17+25=

❶

❷

❸

❸ 35−8+8×7=

❶

❷

❸

❹ 34+36−11×3=

식 아래에 계산 순서를 표시하고 풀어 보세요~

❺ 41−3×9+16=

❻ 13×5−19+9=

❼ 28+4×6−15=

❽ 46−14×2+27=

❾ 52−27+18×2=

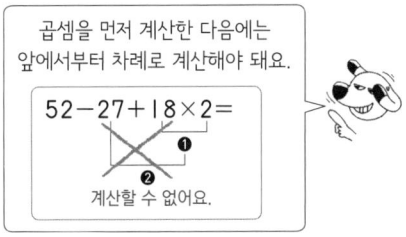

계산하세요.

먼저 계산 순서를 표시하고 차근차근 풀어 보세요.

1. $5\times9+16-13=$

2. $38+7\times2-25=$

3. $20-4+3\times6=$

4. $50-14\times3+15=$

5. $47+34-8\times2=$

6. $12\times5-53+17=$

7. $31-12+16\times2=$

8. $26+9\times4-13=$

친구들이 자주 틀리는 문제! 앗! 실수

9. $39+43-17\times2=$

10. $58+64-19\times3=$

04 ( ) 안이 가장 먼저! 곱셈은 덧셈, 뺄셈보다 먼저!

계산하세요.

( ) 안 먼저!

❶ $3\times(20-4)+15=$ ☐

❶ ☐

❷ ☐

❸ ☐

❷ $(16+9)\times2-23=$ ☐

❶ 25

❷ 50

❸ ☐

❸ $23+4\times(12-5)=$ ☐

❶ ☐

❷ ☐

❸ ☐

❹ $12+(40-28)\times4=$

식 아래에 계산 순서를
표시하고 풀어 보세요~

❺ $35+2\times(31-13)=$

❻ $5\times(8+6)-45=$

❼ $(17+18)\times2-29=$

❽ $22+4\times(23-6)=$

❾ $70-(12+9)\times3=$

❿ $90-2\times(23+14)=$

계산하세요.

1. $(5+8)\times4-41=$

2. $6+3\times(20-14)=$

3. $3\times(4+9)-15=$

4. $16+(35-8)\times2=$

5. $70-4\times(6+7)=$

6. $18+(23-8)\times3=$

7. $50-2\times(17+4)=$

8. $7+(35-19)\times4=$

9. $12+8\times(44-38)=$

10. $3\times(13+17)-52=$

05 덧셈, 뺄셈, 나눗셈이 섞인 식은 나눗셈 먼저!

계산하세요.

나눗셈은 덧셈과 뺄셈보다 먼저 계산해요.

나눗셈 먼저!

1. $25+30\div5-8=$ ☐
   - ❶ 6
   - ❷ 31
   - ❸ 23

2. $64\div2-16+7=$ ☐
   - ❶ ☐
   - ❷ ☐
   - ❸ ☐

3. $51-12+36\div4=$ ☐
   - ❶ ☐
   - ❷ ☐
   - ❸ ☐

4. $20-60\div5+32=$

   식 아래에 계산 순서를 표시하고 풀어 보세요~

5. $33+17-28\div2=$

6. $30\div2-8+27=$

7. $24-51\div3+13=$

8. $35+76\div4-16=$

9. $45-26+81\div9=$

나눗셈을 먼저 계산한 다음에는 앞에서부터 차례로 계산해야 돼요.

$45-26+81\div9=$

❶

❷

계산할 수 없어요.

목표 시간 3분

계산하세요.

나눗셈은 덧셈, 뺄셈보다 먼저 계산해요.

1. $15+32\div4-7=$

2. $26-9+56\div8=$

3. $42\div2-14+36=$

4. $50-93\div3+22=$

5. $17+36-48\div12=$

6. $23-45\div9+16=$

7. $49+33\div3-14=$

8. $54\div2+25-18=$

친구들이 자주 틀리는 문제! 앗! 실수

9. $45+37-69\div3=$

10. $65-58\div2+32=$

06 ( ) 안이 가장 먼저! 나눗셈은 덧셈, 뺄셈보다 먼저!

계산하세요.

괄호 안 → 나눗셈 → 덧셈, 뺄셈 순서로 계산하면 돼요.

( ) 안 먼저!

❶ 18+40÷(17−9)=

❶ 8

❷ 5

❸ 23

❷ 23−(19+13)÷4=

❶

❷

❸

❸ 54÷(30−24)+25=

❶

❷

❸

❹ 32−60÷(3+9)=

식 아래에 계산 순서를 표시하고 풀어 보세요~

❺ 28+(44−5)÷3=

❻ 14−(46+17)÷9=

❼ 15+(62−6)÷8=

❽ (43+27)÷2−19=

❾ 52+38÷(26−7)=

❿ 60−72÷(9+15)=

계산하세요.

1. $14+(84-28)\div7=$

2. $33\div(4+7)-3=$

3. $(29+16)\div3-8=$

4. $65\div(21-8)+36=$

5. $26+(67-19)\div3=$

6. $84\div(3+9)-2=$

7. $(17+25)\div3-5=$

8. $24-(45+35)\div5=$

9. $57+78\div(32-6)=$

10. $90-95\div(12+7)=$

07 곱셈, 나눗셈 먼저! 덧셈, 뺄셈은 뒤에 계산하자

목표 시간 3분

계산하세요.

곱셈, 나눗셈 먼저!

❶ 25+4×7−20÷4=

❶ 28

❷ 5

❸ 53

❹ 48

곱셈과 나눗셈을 먼저 계산하고 덧셈과 뺄셈을 계산해요.

❷ 40−39÷3×2+8=

❶

❷

❸

❹

❸ 30÷5+9×4−29=

❶

❷

❸

❹

❹ 20+60÷5×3−8=

식 아래에 계산 순서를 표시하고 풀어 보세요~

❺ 14×5−72÷4+13=

❻ 20×3−58+36÷3=

❼ 46+84÷7−2×9=

❽ 23−15+4×9÷6=

계산하세요.

❶ $15+2\times18-51\div3=$

❷ $30\div6+9\times4-29=$

❸ $45-8\times5\div2+16=$

❹ $28+4\times12\div8-15=$

❺ $70-9\times6+64\div8=$

❻ $50+78\div13-3\times9=$

❼ $36\div9\times7-16+34=$

❽ $61-8\times4\div16+5=$

친구들이 자주 틀리는 문제! 앗! 실수

❾ $28+36-24\div4\times3=$

❿ $41-12+4\times36\div6=$

08 복잡한 식도 무조건 ( ) 안 먼저 계산하자

계산하세요.

괄호 안 → 곱셈, 나눗셈 → 덧셈, 뺄셈 순서로 계산하면 돼요.

( ) 안 먼저!

❶ 30−8×(15÷5)+7=

❶ ❷ ❸ ❹

❷ 56÷(13−6)+6×8=

❶ ❷ ❸ ❹

❸ 21−(15+25)×2÷16=

❶ ❷ ❸ ❹

❹ 17+65÷13×(53−45)=

식 아래에 계산 순서를 표시하고 풀어 보세요~

❺ (65−29)÷4×2+13=

❻ 19+3×(32−18)÷2=

❼ 100−(27+6)÷3×8=

❽ 60÷(23−18)+17×4=

계산하세요.

1. $45 \div (21 - 16) + 13 \times 4 =$

2. $(4+5) \times 3 - 72 \div 12 =$

3. $(37+26) \div 9 \times 3 - 14 =$

4. $25 + 3 \times (14-8) \div 2 =$

5. $60 - (36+24) \div 15 \times 7 =$

6. $50 - 2 \times (36 \div 2) + 9 =$

7. $15 + 54 \div 6 \times (22-17) =$

8. $18 \times (23-18) \div 3 + 38 =$

9. $(53-17) \div 18 + 13 \times 6 =$

10. $64 + 46 \div (32-9) \times 3 =$

09 자연수의 혼합 계산 완벽하게 끝내기

목표 시간 3분

여기까지 오다니 정말 대단해요! 이제 자연수의 혼합 계산을 모아 풀면서 완벽하게 마무리해요!

계산하세요.

1. $3\times18\div6=$

2. $38\div2+7-8=$

3. $6+15-9\times4\div12=$

4. $25+2\times28-36\div9=$

5. $(44-16)\div4+8\times7=$

6. $96\div(16\times3)=$

7. $29+2\times(11-4)=$

8. $32-(25+15)\div5=$

9. $72\div(6+2)\times5-8=$

10. $6+(21-5)\times4\div8=$

계산을 하고, 계산 결과를 비교하여 ○ 안에 >, =, <를 알맞게 써넣으세요.

1. $32-17+8=\square$ ○ $32-(17+8)=\square$

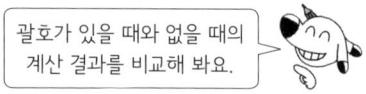

2. $60\div3\times4=\square$ ○ $60\div(3\times4)=\square$

3. $41+9-5\times2=\square$ ○ $41+(9-5)\times2=\square$

4. $56+28\div7-9=\square$ ○ $(56+28)\div7-9=\square$

5. $8+3\times20-12\div6=\square$ ○ $8+3\times(20-12)\div6=\square$

6. $15+9\times2\div3-7=\square$ ○ $(15+9)\times2\div3-7=\square$

10 생활 속 연산 — 자연수의 혼합 계산

목표 시간 3분

그림을 보고 □ 안에 알맞은 수를 써넣으세요.

1

□ + □ − □ = □

우리 반은 남학생이 16명, 여학생이 15명입니다. 이 중 안경을 쓴 학생은 7명이고, 안경을 쓰지 않은 학생은 □명입니다.

2

□ − (□ + □) = □

마카롱이 24개 있었습니다. 그중에서 초코맛 마카롱 9개와 딸기맛 마카롱 6개를 상자에 담아 선물했다면 남은 마카롱은 □개입니다.

3

□ × □ ÷ □ = □

연필 한 타는 12자루입니다. 연필 2타를 3명에게 똑같이 나누어 준다면 한 명에게 □자루씩 나누어 줄 수 있습니다.

4

□ − (□ + □) × □ = □

귤 30개를 남학생 6명과 여학생 8명에게 각각 2개씩 나누어 주었다면 남은 귤은 □개입니다.

목표 시간 3분

숫자 4개와 수학 기호를 이용해 짝수가 나오는 식을 만들었어요. 빈칸에 알맞은 수를 써넣고, 마지막 식을 완성하세요.

❶ $(44-4)\div4=$ □

❷ $(4+4)\div4+4=$ □

❸ $4\times(4-4)+4=$ □

❹ $4\times4\div(4+4)=$ □

❺ $4\times(4+4)$ ○ $4=8$

+, −, ×, ÷ 중에 하나의 기호를 써넣으세요!

둘째 마당 약수와 배수

교과서 2. 약수와 배수

11 약수는 어떤 수를 나누어떨어지게 하는 수

12 곱셈식으로 약수를 구할 수도 있어

13 배수는 어떤 수를 몇 배 한 수

14 나누어떨어지면 약수와 배수의 관계!

15 공약수와 최대공약수 알아보기

16 최대공약수는 공통으로 있는 수들의 곱!

17 두 수의 공약수가 1뿐일 때까지 나누자

18 최대공약수 구하기 연습 한 번 더!

19 공배수와 최소공배수 알아보기

20 공통으로 들어 있는 곱에 남은 수들을 곱하자

21 최소공배수는 나눈 공약수와 남은 수들의 곱!

22 최소공배수 구하기 연습 한 번 더!

23 생활 속 연산 — 약수와 배수

바빠 개념 쏙쏙!

✪ 약수

6을 나누어떨어지게 하는 수를 6의 약수라고 합니다.

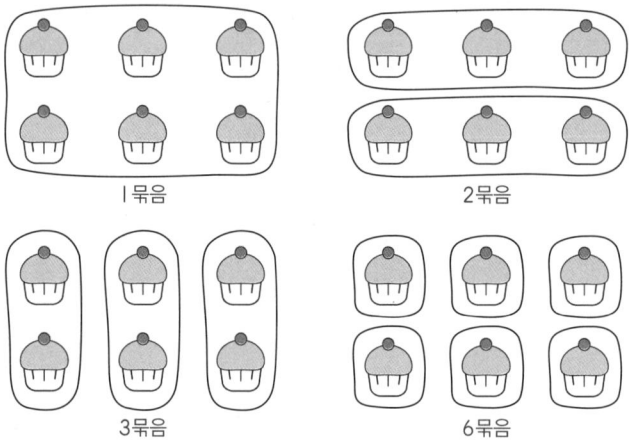

$6 \div 1 = 6$　　$6 \div 2 = 3$　　$6 \div 3 = 2$

$6 \div 4 = 1 \cdots 2$　　$6 \div 5 = 1 \cdots 1$　　$6 \div 6 = 1$

➡ 6의 약수 : 1, 2, 3, 6

✪ 배수

3을 1배, 2배, 3배…… 한 수를 3의 배수라고 합니다.

$3 \times 1 = 3$, $3 \times 2 = 6$, $3 \times 3 = 9 \cdots\cdots$

➡ 3의 배수 : 3, 6, 9……

아하! 3단 곱셈구구의 곱은
모두 3의 배수네요~

잠깐! 퀴즈

어떤 수를 나누어떨어지게 하는 수를 무엇이라고 할까요?

① 약수　　② 배수

답 ①

11 약수는 어떤 수를 나누어떨어지게 하는 수

목표 시간 2분

약수를 구하세요.

어떤 수를 나누어떨어지게 하는 수를 약수라고 해요. 나누었을 때 나머지가 0인 몫을 찾아봐요!

1 4의 약수

4÷1=4, 4÷[2]=2,
4÷[4]=1

➡ 1, 2, 4

1부터 4까지의 수 중에서 4를 나누어떨어지게 하는 수는 뭘까요?

2 8의 약수

8÷1=8, 8÷2=4,
8÷[ ]=2, 8÷[ ]=1

➡ _____

3 14의 약수

14÷1=14, 14÷[ ]=7,
14÷[ ]=2, 14÷[ ]=1

➡ _____

4 21의 약수

21÷1=21, 21÷[ ]=7,
21÷[ ]=3, 21÷[ ]=1

➡ _____

5 16의 약수

16÷1=16, 16÷2=8,
16÷[ ]=4, 16÷[ ]=2,
16÷[ ]=1

➡ _____

6 32의 약수

32÷1=32, 32÷2=16,
32÷[ ]=8, 32÷[ ]=4,
32÷[ ]=2, 32÷[ ]=1

➡ _____

약수를 구하세요.

1 10의 약수

10÷1=10, 10÷2=5,
10÷□=2, 10÷□=1

➡ _____

2 12의 약수

12÷1=12, 12÷2=6,
12÷□=4, 12÷□=3,
12÷□=2, 12÷□=1

➡ _____

3 18의 약수

18÷1=18, 18÷2=9,
18÷□=6, 18÷□=3,
18÷□=2, 18÷□=1

➡ _____

4 24의 약수

24÷1=24, 24÷2=12,
24÷3=8, 24÷□=6,
24÷□=4, 24÷□=3,
24÷□=2, 24÷□=1

➡ _____

5 30의 약수

30÷1=30, 30÷2=15,
30÷3=10, 30÷□=6,
30÷□=5, 30÷□=3,
30÷□=2, 30÷□=1

➡ _____

12 곱셈식으로 약수를 구할 수도 있어

목표 시간 3분

약수를 구하세요.

1부터 9까지의 수를 모두 나누어 보지 않아도 곱셈구구를 이용하면 약수를 찾을 수 있어요.

1×9=9
3×3=9
9×1=9

1. 9의 약수
   ➡ 1, 3, 9
2. 15의 약수
   ➡ 1,
3. 28의 약수
   ➡ _____
4. 39의 약수
   ➡ _____
5. 45의 약수
   ➡ _____
6. 50의 약수
   ➡ _____
7. 44의 약수
   ➡ _____
8. 81의 약수
   ➡ _____
9. 42의 약수
   ➡ _____
10. 56의 약수
    ➡ _____

약수 쉽게 구하는 꿀팁!

예 12의 약수 구하기
곱이 12가 되는 곱셈식을 떠올려 봐요.

1 × 12
2 × 6
3 × 4

1에서 곱하는 식부터 차례로 쓰다가 수가 중복되기 전에 멈춰요.
↳ 이렇게 돌려쓰면
12의 약수는 1, 2, 3, 4, 6, 12!

강의 보기

약수를 구하세요.

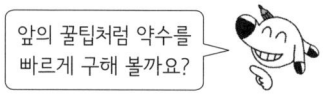

1 20의 약수

1 × 20
2 × 10
4 × 5

➡ _____

2 35의 약수

➡ _____

3 22의 약수

➡ _____

4 63의 약수

➡ _____

5 52의 약수

➡ _____

6 49의 약수

➡ _____

약수 중 같은 수는 한 번만 써서 중복되지 않도록 해요.

7 36의 약수

➡ _____

8 40의 약수

➡ _____

친구들이 자주 틀리는 문제! 앱! 실수

9 48의 약수

➡ _____

약수의 개수가 많으면 빠뜨리는 실수를 하기 쉬우니 주의해요.

10 64의 약수

➡ _____

13 배수는 어떤 수를 몇 배 한 수

목표 시간 2분

배수를 가장 작은 수부터 4개 쓰세요.

2를 1배 한 수 ➡ 2×1=2
2를 2배 한 수 ➡ 2×2=4
2를 3배 한 수 ➡ 2×3=6
⋮ ⋮

어떤 수의 배수는 셀 수 없이 많아요.

1. 2의 배수

➡ 2, 4, 6, 8

2단 곱셈구구를 이용해 봐요~

2. 5의 배수

➡ _____

5를 1배 한 수인 5도 5의 배수예요. 어떤 수의 배수 중 가장 작은 수는 자기 자신!

3. 6의 배수

➡ _____

4. 8의 배수

➡ _____

5. 9의 배수

➡ _____

6. 11의 배수

➡ _____

7. 13의 배수

➡ _____

8. 14의 배수

➡ _____

9. 25의 배수

➡ _____

10. 30의 배수

➡ _____

11. 32의 배수

➡ _____

[배수를 구할 때 자기 자신을 빠뜨리는 경우가 있습니다. 어떤 수의 1배인 자기 자신부터 꼭 쓰도록 하세요.]

목표 시간 3분

배수를 가장 작은 수부터 5개 쓰세요.

어떤 수의 배수는 셀 수 없이 많아요. 작은 수부터 차례로 5개만 써 봐요.

1. 3의 배수

➡ _____

3부터 써야 해요~

2. 4의 배수

➡ _____

3. 7의 배수

➡ _____

4. 12의 배수

➡ _____

5. 15의 배수

➡ _____

6. 16의 배수

➡ _____

7. 20의 배수

➡ _____

8. 24의 배수

➡ _____

친구들이 자주 틀리는 문제! 앗! 실수

9. 27의 배수

➡ _____

_____

10. 35의 배수

➡ _____

_____

14 나누어떨어지면 약수와 배수의 관계!

목표 시간 2분

큰 수를 작은 수로 나누었을 때 나누어떨어지면 두 수는 약수와 배수의 관계예요.

약수와 배수의 관계이면 ○표, 아니면 ×표 하세요.

1

3	12

( )

12는 3의 배수, 3은 12의 약수예요.

2

2	15

( )

3

4	28

( )

4

5	35

( )

5

8	20

( )

6

7	21

( )

7

10	45

( )

8

12	48

( )

9

11	31

( )

10

15	60

( )

11

13	39

( )

12

20	50

( )

목표 시간 3분

왼쪽 수와 약수와 배수의 관계에 있는 수를 모두 찾아 ○표 하세요.

1 2 — 3 4 7 12

2 3 — 9 14 16 21

3 5 — 11 20 26 30

4 12 — 5 6 24 32

5 36 — 6 10 15 18

6 4 — 4 6 64 100

7 9 — 16 27 55 63

8 24 — 6 8 42 48

9 48 — 4 14 36 96

외워두면 배수인지 바로 알 수 있어요!

- 2의 배수 ➡ 짝수예요.
- 3의 배수 ➡ 각 자리 숫자의 합이 3의 배수예요.
- 4의 배수 ➡ 오른쪽 끝의 두 자리 수가 00이거나 4의 배수예요.
- 5의 배수 ➡ 일의 자리 숫자가 0 또는 5인 수예요.
- 9의 배수 ➡ 각 자리 숫자의 합이 9의 배수예요.

15 공약수와 최대공약수 알아보기

목표 시간 4분

두 수의 약수를 각각 쓰고 공약수를 구하세요.

이렇게 공통으로 있는 약수를 묶어 보세요~

두 수의 '공'통인 '약수'가 두 수의 공약수예요.

1. 4의 약수 ➡ (1, 2, 4)
   6의 약수 ➡ (1, 2, 3, 6)
   4와 6의 공약수 ➡ (1, 2)

2. 8의 약수 ➡ ( )
   12의 약수 ➡ ( )
   8과 12의 공약수 ➡ ( )

3. 10의 약수 ➡ ( )
   15의 약수 ➡ ( )
   10과 15의 공약수 ➡ ( )

4. 16의 약수 ➡ ( )
   24의 약수 ➡ ( )
   16과 24의 공약수 ➡ ( )

5. 27의 약수 ➡ ( )
   45의 약수 ➡ ( )
   27과 45의 공약수 ➡ ( )

6. 40의 약수 ➡ ( )
   50의 약수 ➡ ( )
   40과 50의 공약수 ➡ ( )

두 수의 공약수와 최대공약수를 구하세요.

1 6 9

공약수 ➡ 1, 3

최대공약수 ➡ 3

최 '대' 공약수의 '대'는 큰 대(大).
그러니까 가장 큰 공약수예요~

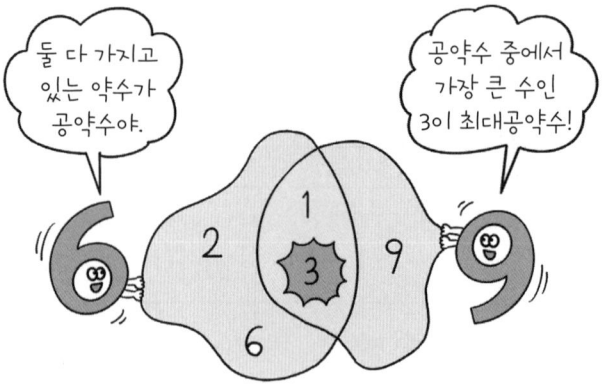

2 8 20

공약수 ➡ _____

최대공약수 ➡ _____

3 24 40

공약수 ➡ _____

최대공약수 ➡ _____

4 20 28

공약수 ➡ _____

최대공약수 ➡ _____

5 18 27

공약수 ➡ _____

최대공약수 ➡ _____

6 16 48

공약수 ➡ _____

최대공약수 ➡ _____

7 30 45

공약수 ➡ _____

최대공약수 ➡ _____

16 최대공약수는 공통으로 있는 수들의 곱!

목표 시간 2분

두 수의 최대공약수를 구하세요.

1

12 28

12=2×2×3

28=2×2×7

➡ 2×2=4

공통으로 들어 있는 수의 곱이 최대공약수예요.

가장 작은 수들의 곱으로 나타내는 방법

12 → 2×6 → 2×3 ➡ 12=2×2×3

28 → 4×7 → 2×2 ➡ 28=2×2×7

더 이상 쪼개지지 않을 때까지 나눠 줘요.

2

18 45

18=2×3×3

45=3×3×5

먼저 두 식에서 공통된 수를 찾아 ○표 해 보세요.

➡ 3×□=□

3

20 30

20=2×2×5

30=2×3×5

➡ □×□=□

4

14 70

14=2×7

70=2×5×7

➡ □×□=□

5

26 78

26=2×13

78=2×3×13

➡ □×□=□

6

24 16

24=2×2×2×3

16=2×2×2×2

➡ □×□×□=□

7

36 60

36=2×2×3×3

60=2×2×3×5

➡ □×□×□=□

두 수의 최대공약수를 구하세요.

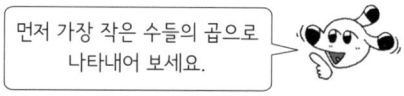

1

20 12

$20=2\times2\times\square$

$12=2\times2\times\square$

$20=2\times10$
2×5

➡ (　　)

2

42 24

$42=2\times\square\times7$

$24=2\times2\times2\times\square$

➡ (　　)

3

36 63

$36=2\times2\times\square\times3$

$63=3\times\square\times7$

➡ (　　)

4

30 40

$30=2\times3\times\square$

$40=2\times2\times\square\times5$

➡ (　　)

5

28 70

$28=2\times2\times\square$

$70=2\times5\times\square$

➡ (　　)

6

45 60

$45=3\times\square\times5$

$60=2\times2\times3\times\square$

➡ (　　)

7

28 56

$28=2\times2\times\square$

$56=2\times2\times\square\times\square$

➡ (　　)

8

44 66

$44=2\times2\times\square$

$66=2\times\square\times\square$

➡ (　　)

17 두 수의 공약수가 1뿐일 때까지 나누자

목표 시간 3분

두 수의 최대공약수를 구하세요.

❶ 2) 6 8
3 4

6과 8을 공약수 2로 간단히 나누는 식이에요.

$2\overline{)6}$ ➡ $2\overline{)6}$ 3

몫을 아래에 써 줘요.

➡ 2

몫인 3과 4의 공약수는 1밖에 없으니까 최대공약수는 2예요.

❷ 3) 15 24

➡ □

공약수 중에서 1을 제외한 가장 작은 수부터 나누어요!

❸ 2) 8 12
2) 4 6
2 3

4와 6의 공약수는 2니까 한 번 더 나눌 수 있어요.

➡ 2 × 2 = 4

나눈 공약수들의 곱이 최대공약수예요.

❹ 2) 18 30
)

➡ 2 × □ = □

❺ 3) 27 36
)

➡ 3 × □ = □

❻ 2) 50 20
)

➡ 2 × □ = □

❼ 2) 28 42
)

➡ □ × □ = □

❽ 2) 54 24
)

➡ □ × □ = □

[공약수로 나누는 방법을 이용할 때에는 반드시 더 나누어지는 공약수는 없는지 확인하고 넘어가세요.]

목표 시간 2분

두 수의 최대공약수를 구하세요.

1) 18 24

6단 곱셈구구를 이용해서 6으로 바로 나눌 수도 있어요.

6) 18 24
3 4

➡ ( )

2) 30 12

➡ ( )

3) 15 45

➡ ( )

두 수가 약수와 배수의 관계이면 더 작은 수가 최대공약수가 돼요.

4) 56 24

➡ ( )

5) 48 54

➡ ( )

6) 64 72

➡ ( )

7) 45 75

➡ ( )

8) 42 70

➡ ( )

18 최대공약수 구하기 연습 한 번 더!

목표 시간 2분

두 수의 최대공약수를 구하세요.

1) 16 28

➡ ( )

2) 54 18

➡ ( )

3) 45 60

➡ ( )

4) 26 39

➡ ( )

5) 48 84

➡ ( )

친구들이 자주 틀리는 문제! 앗! 실수

6) 84 91

➡ ( )

7) 52 78

➡ ( )

13의 배수는 외워 두면 좋아요!
13, 26, 39, 52, 65, 78, 91
눈에 익혀 두면 공약수를 찾는 시간을 단축시키는 데 큰 도움이 될 거예요~

목표 시간 2분

두 수의 최대공약수를 구하세요.

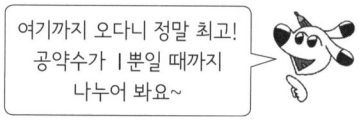

1) 24 60

➡ ( )

2) 48 64

➡ ( )

3) 32 56

➡ ( )

4) 60 150

➡ ( )

5) 65 91

➡ ( )

6) 56 84

➡ ( )

19 공배수와 최소공배수 알아보기

목표 시간 4분

두 수의 배수를 각각 6개씩 쓰고 공배수를 구하세요.

두 수의 '공'통인 '배수'가 두 수의 공배수예요.

1. 2의 배수 ➡ (2, 4, 6, 8, 10, 12)
   3의 배수 ➡ (3, 6, 9, 12, 15, 18)
   2와 3의 공배수 ➡ (6, 12)

공통인 배수를 찾아 ○표 해 보세요~

2. 4의 배수 ➡ ( )
   5의 배수 ➡ ( )
   4와 5의 공배수 ➡ ( )

3. 6의 배수 ➡ ( )
   10의 배수 ➡ ( )
   6과 10의 공배수 ➡ ( )

4. 7의 배수 ➡ ( )
   14의 배수 ➡ ( )
   7과 14의 공배수 ➡ ( )

5. 8의 배수 ➡ ( )
   12의 배수 ➡ ( )
   8과 12의 공배수 ➡ ( )

6. 9의 배수 ➡ ( )
   15의 배수 ➡ ( )
   9와 15의 공배수 ➡ ( )

두 수의 공배수를 가장 작은 수부터 2개 쓰고 최소공배수를 구하세요.

1 3 4

공배수 ➡ _____

최소공배수 ➡ _____

최 '소' 공배수의 '소'는 작을 소(小).
그러니까 가장 작은 공배수예요~

2 2 6

공배수 ➡ _____

최소공배수 ➡ _____

3 6 8

공배수 ➡ _____

최소공배수 ➡ _____

4 4 10

공배수 ➡ _____

최소공배수 ➡ _____

5 12 15

공배수 ➡ _____

최소공배수 ➡ _____

6 20 6

공배수 ➡ _____

최소공배수 ➡ _____

7 18 4

공배수 ➡ _____

최소공배수 ➡ _____

8 6 21

공배수 ➡ _____

최소공배수 ➡ _____

9 27 18

공배수 ➡ _____

최소공배수 ➡ _____

20 공통으로 들어 있는 곱에 남은 수들을 곱하자

목표 시간 2분

두 수의 최소공배수를 구하세요.

❶

4 6

$4=2\times2$

$6=2\times3$

➡ $2\times2\times3=$ 12

최대공약수

공통으로 들어 있는 곱과 남은 수들의 곱이 최소공배수예요.

❷

20 8

$20=2\times2\times5$

$8=2\times2\times2$

먼저 두 식에서 공통된 수를 찾아 ○표 해 보세요.

➡ $2\times2\times5\times$ 2 $=$ ☐

최대공약수

공통으로 있는 부분을 먼저 써야 헷갈리지 않아요.

❸

30 20

$30=2\times3\times5$

$20=2\times2\times5$

➡ $2\times5\times$ ☐ $\times$ ☐ $=$ ☐

최대공약수

❹

22 66

$22=2\times11$

$66=2\times3\times11$

➡ $2\times$ ☐ $\times$ ☐ $=$ ☐

최대공약수

❺

21 28

$21=3\times7$

$28=2\times2\times7$

➡ $7\times3\times$ ☐ $\times$ ☐ $=$ ☐

❻

12 18

$12=2\times2\times3$

$18=2\times3\times3$

➡ $2\times3\times$ ☐ $\times$ ☐ $=$ ☐

❼

18 27

$18=2\times3\times3$

$27=3\times3\times3$

➡ $3\times$ ☐ $\times$ ☐ $\times$ ☐ $=$ ☐

❽

20 40

$20=2\times2\times5$

$40=2\times2\times2\times5$

➡ $2\times$ ☐ $\times$ ☐ $\times$ ☐ $=$ ☐

두 수의 최소공배수를 구하세요.

먼저 두 수를 각각 가장 작은 수들의 곱으로 나타내어 보세요.

1

12 10

12=2×2×□

10=2×□

12=2×6

12=2×2×3

➡ (　　)

2

18 21

18=2×3×□

21=3×□

➡ (　　)

3

30 12

30=2×□×5

12=2×□×3

➡ (　　)

4

8 28

8=2×2×□

28=2×□×7

➡ (　　)

5

6 26

6=2×□

26=2×□

➡ (　　)

6

35 42

35=5×□

42=2×□×7

➡ (　　)

7

20 60

20=2×2×□

60=2×2×□×□

➡ (　　)

8

16 24

16=2×2×2×□

24=2×2×□×□

➡ (　　)

21 최소공배수는 나눈 공약수와 남은 수들의 곱!

두 수의 최소공배수를 구하세요.

❶ 3) 6 9
2 3

➡ 3×2×3=□

❷ 5) 10 35

➡ 5×□×□=□

❸ 2) 16 20
2) 8 10
4 5

➡ 2×2×4×5=80

❹ 2) 12 18
)

➡ 2×□×□×□=□

❺ 2) 14 70
)

➡ 2×□×□×□=□

❻ 3) 30 45
)

➡ 3×□×□×□=□

❼ 5) 75 25
)

➡ □×□×□×□=□

❽ 2) 28 42
)

➡ □×□×□×□=□

최소공배수를 구할 때는 반드시 공약수가 1이 될 때까지 나누어 주어야 합니다.

목표 시간 3분

두 수의 최소공배수를 구하세요.

1) 14 35

➡ ( )

2) 33 66

➡ ( )

3) 18 30

➡ ( )

4) 20 28

➡ ( )

5) 36 54

➡ ( )

6) 12 42

➡ ( )

7) 45 60

➡ ( )

8) 32 48

➡ ( )

더 이상 나누어지는 약수가 없는지 확인할 때는 아래의 수들을 차례로 나누어 봐요!
2 ➡ 3 ➡ 5 ➡ 7 ➡ 11 ➡ 13 ➡ 17 ➡ 19

22 최소공배수 구하기 연습 한 번 더!

목표 시간 3분

두 수의 최소공배수를 구하세요.

곱셈구구를 이용해서 한눈에 보이는 큰 공약수로 먼저 나누면 쉬워져요!

1) 9 21

➡ ( )

2) 18 24

➡ ( )

3) 36 30

➡ ( )

4) 28 42

➡ ( )

5) 50 70

➡ ( )

6) 42 63

➡ ( )

친구들이 자주 틀리는 문제! 앱! 실수

7) 65 39

➡ ( )

최대공약수가 바로 안보이나요? 두 수 모두 짝수니까 2로 나누어 봐요.

8) 52 78

➡ ( )

두 수의 최소공배수를 구하세요.

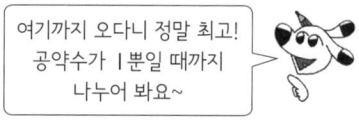

1) 40 56

➡ ( )

2) 27 36

➡ ( )

3) 54 72

➡ ( )

4) 44 88

➡ ( )

5) 96 60

➡ ( )

6) 56 84

➡ ( )

23 생활 속 연산 — 약수와 배수

목표 시간 3분

그림을 보고 □ 안에 알맞은 수를 써넣으세요.

1

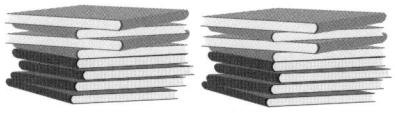

공책 16권을 남김없이 똑같이 나누어 주려고 합니다. 남김없이 나누어 줄 수 있는 사람 수는 1명, □명, □명, □명, 16명입니다.

2

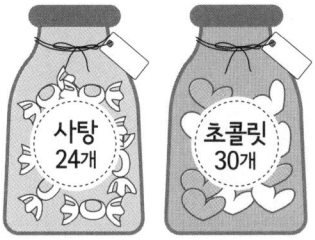

최대공약수를 구하는 문제예요.

사탕 24개, 초콜릿 30개를 최대한 많은 친구들에게 똑같이 나누어 주려고 합니다. 최대 □명에게 나누어 줄 수 있습니다.

3

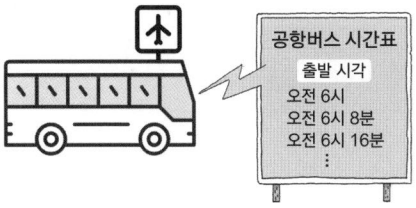

공항으로 가는 버스가 오전 6시부터 8분 간격으로 출발합니다. 오전 7시까지 버스는 모두 □번 출발합니다.

4

지나는 4일마다, 서준이는 6일마다 수영장에 옵니다. 오늘 두 사람이 수영장에서 만났다면 다음 번에 다시 수영장에서 만나는 날은 오늘부터 □일 후입니다.

최소공배수를 구하는 문제예요.

바빠독이 노트북을 켜려면 비밀번호를 알아야 합니다. 화면에 적힌 답을 차례로 이어 쓰면 비밀번호를 알 수 있어요. 빈칸에 알맞은 수를 써넣어 비밀번호를 구하세요.

셋째 마당 약분과 통분

교과서 4. 약분과 통분

24 곱해서 크기가 같은 분수 만들기

25 나누어서 크기가 같은 분수 만들기

26 약분하면 분수가 간단해져

27 더 이상 약분이 안되는 분수가 기약분수!

28 두 분모의 곱을 이용하면 통분이 빨라져

29 두 분모의 최소공배수로 통분하면 수가 간단해져

30 분모가 다른 분수의 크기 비교는 통분 먼저!

31 두 분수씩 짝지어 비교하기

32 세 분수는 두 분수씩 차례로 비교하자

33 분수와 소수의 크기 비교하기

34 생활 속 연산 — 약분과 통분

바빠 개념 쏙쏙!

✪ 크기가 같은 분수 만들기

① 분모와 분자에 각각 0이 아닌 같은 수를 곱합니다.

$$\frac{1}{2} \xrightarrow{\times 2} \frac{2}{4} \xrightarrow{\times 3} \frac{3}{6} \xrightarrow{\times 4} \frac{4}{8}$$

$$\frac{1}{2} \xrightarrow{\times 2} \frac{2}{4} \xrightarrow{\times 3} \frac{3}{6} \xrightarrow{\times 4} \frac{4}{8}$$

크기가 같은 분수는 그림으로 나타내었을 때 크기가 같아요.

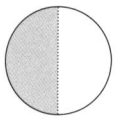

$\frac{1}{2}$

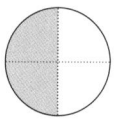

$\frac{1\times 2}{2\times 2}=\frac{2}{4}$

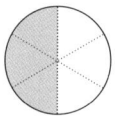

$\frac{1\times 3}{2\times 3}=\frac{3}{6}$

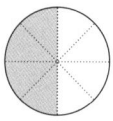

$\frac{1\times 4}{2\times 4}=\frac{4}{8}$

② 분모와 분자를 각각 0이 아닌 같은 수로 나눕니다.

$$\frac{8}{16} \xrightarrow{\div 2} \frac{4}{8} \xrightarrow{\div 4} \frac{2}{4} \xrightarrow{\div 8} \frac{1}{2}$$

$$\frac{8}{16} \xrightarrow{\div 2} \frac{4}{8} \xrightarrow{\div 4} \frac{2}{4} \xrightarrow{\div 8} \frac{1}{2}$$

이때 나눌 수 있는 수는 분모와 분자의 공약수예요.

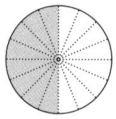

$\frac{8}{16}$

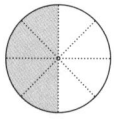

$\frac{8\div 2}{16\div 2}=\frac{4}{8}$

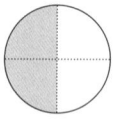

$\frac{8\div 4}{16\div 4}=\frac{2}{4}$

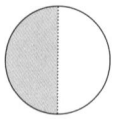

$\frac{8\div 8}{16\div 8}=\frac{1}{2}$

✪ 약분

분모와 분자를 공약수로 나누어 간단히 하는 것을 약분한다고 합니다.

$$\frac{6}{12}=\frac{6\div 2}{12\div 2}=\frac{3}{6} \Rightarrow \frac{3}{6}=\frac{3\div 3}{6\div 3}=\frac{1}{2}$$

분모와 분자의 공약수가 1뿐인 분수를 기약분수라고 해요.

이렇게 약분할 수도 있어요!

$$\frac{\overset{3}{\cancel{6}}}{\underset{6}{\cancel{12}}}=\frac{\overset{1}{\cancel{3}}}{\underset{2}{\cancel{6}}}=\frac{1}{2}$$

24 곱해서 크기가 같은 분수 만들기

목표 시간 2분

□ 안에 알맞은 수를 써넣어 크기가 같은 분수를 만드세요.

1. $\frac{1}{3}$ $\quad \frac{1}{3}=\frac{\boxed{2}}{6}$ (×2), $\frac{1}{3}=\frac{\square}{9}$ (×3), $\frac{1}{3}=\frac{\square}{12}$ (×4), $\frac{1}{3}=\frac{\square}{15}$ (×5)

분모와 분자에 각각 0이 아닌 같은 수를 곱하면 크기가 같은 분수가 돼요.

2. $\frac{3}{4}$ $\quad \frac{3}{4}=\frac{\square}{8}$, $\frac{3}{4}=\frac{\square}{12}$, $\frac{3}{4}=\frac{\square}{16}$, $\frac{3}{4}=\frac{\square}{20}$

3. $\frac{5}{6}$ $\quad \frac{5}{6}=\frac{10}{\square}$, $\frac{5}{6}=\frac{15}{\square}$, $\frac{5}{6}=\frac{20}{\square}$, $\frac{5}{6}=\frac{25}{\square}$

4. $\frac{4}{7}$ $\quad \frac{4}{7}=\frac{\square}{14}$, $\frac{4}{7}=\frac{\square}{21}$, $\frac{4}{7}=\frac{\square}{28}$, $\frac{4}{7}=\frac{\square}{35}$

5. $\frac{3}{8}$ $\quad \frac{3}{8}=\frac{6}{\square}$, $\frac{3}{8}=\frac{9}{\square}$, $\frac{3}{8}=\frac{12}{\square}$, $\frac{3}{8}=\frac{15}{\square}$

6. $\frac{2}{9}$ $\quad \frac{2}{9}=\frac{4}{\square}$, $\frac{2}{9}=\frac{6}{\square}$, $\frac{2}{9}=\frac{8}{\square}$, $\frac{2}{9}=\frac{10}{\square}$

[분모와 분자에 반드시 0이 아닌 수를 곱해야 합니다.
분수의 분모에는 0이 올 수 없기 때문입니다.]

목표 시간 3분

크기가 같은 분수를 분모가 작은 것부터 차례로 3개 쓰세요.

1 $\frac{2}{3}$ ➡ $\frac{\square}{6}$, $\frac{\square}{9}$, $\frac{\square}{12}$

$\frac{2\times2}{3\times2}$ $\frac{2\times3}{3\times3}$ $\frac{2\times4}{3\times4}$

분모와 분자에 각각
2, 3, 4를 차례로 곱해요.

2 $\frac{1}{4}$ ➡ $\frac{\square}{8}$, $\frac{\square}{12}$, $\frac{\square}{\square}$

3 $\frac{3}{5}$ ➡ _____

4 $\frac{6}{7}$ ➡ _____

5 $\frac{5}{8}$ ➡ _____

6 $\frac{4}{9}$ ➡ _____

7 $\frac{7}{10}$ ➡ _____

8 $\frac{6}{11}$ ➡ _____

9 $\frac{5}{12}$ ➡ _____

10 $\frac{4}{13}$ ➡ _____

11 $\frac{9}{14}$ ➡ _____

12 $\frac{7}{15}$ ➡ _____

25 나누어서 크기가 같은 분수 만들기

목표 시간 2분

□ 안에 알맞은 수를 써넣어 크기가 같은 분수를 만드세요.

1. $\frac{8}{12}$

$\frac{8}{12} = \frac{4}{\square}$ (÷2), $\frac{8}{12} = \frac{2}{\square}$ (÷4)

분모와 분자를 각각 0이 아닌 같은 수로 나누면 크기가 같은 분수가 돼요.

2. $\frac{6}{18}$

$\frac{6}{18} = \frac{3}{\square}$, $\frac{6}{18} = \frac{2}{\square}$, $\frac{6}{18} = \frac{1}{\square}$

6과 18의 공약수 중 1을 제외한 2, 3, 6으로 분모와 분자를 각각 나누어요.

3. $\frac{20}{36}$

$\frac{20}{36} = \frac{10}{\square}$, $\frac{20}{36} = \frac{5}{\square}$

4. $\frac{15}{30}$

$\frac{15}{30} = \frac{\square}{10}$, $\frac{15}{30} = \frac{\square}{6}$, $\frac{15}{30} = \frac{\square}{2}$

5. $\frac{24}{42}$

$\frac{24}{42} = \frac{12}{\square}$, $\frac{24}{42} = \frac{8}{\square}$, $\frac{24}{42} = \frac{4}{\square}$

6. $\frac{16}{48}$

$\frac{16}{48} = \frac{\square}{24}$, $\frac{16}{48} = \frac{\square}{12}$, $\frac{16}{48} = \frac{\square}{6}$, $\frac{16}{48} = \frac{\square}{3}$

분모와 분자를 공약수로 나누어 크기가 같은 분수를 분모가 큰 것부터 차례로 2개 쓰세요.

1 $\frac{4}{12}$ ➡ $\frac{\square}{6}$, $\frac{\square}{3}$

$\frac{4\div2}{12\div2}$ $\frac{4\div4}{12\div4}$

4와 12의 공약수 중 1을 제외한 2, 4로 분모와 분자를 각각 나누어요.

2 $\frac{12}{18}$ ➡ $\frac{\square}{9}$, $\frac{\square}{\square}$

3 $\frac{8}{20}$ ➡ _____

4 $\frac{9}{27}$ ➡ _____

5 $\frac{12}{30}$ ➡ _____

6 $\frac{16}{32}$ ➡ _____

이건 꿀팁!
두 수가 짝수이면 공약수에는 무조건 2가 포함되어 있어요.

7 $\frac{6}{36}$ ➡ _____

8 $\frac{16}{40}$ ➡ _____

9 $\frac{32}{48}$ ➡ _____

10 $\frac{24}{54}$ ➡ _____

11 $\frac{45}{60}$ ➡ _____

12 $\frac{14}{70}$ ➡ _____

26 약분하면 분수가 간단해져

목표 시간 2분

분수를 약분하여 □ 안에 알맞은 수를 써넣으세요.

1. $\frac{4}{20}$ ➡ $\frac{2}{10}$, $\frac{1}{5}$

4와 20의 공약수 ➡ 1, 2, 4

분모와 분자를 공약수로 나누어 간단히 하는 것을 약분한다고 해요.

2. $\frac{9}{36}$ ➡ $\frac{\square}{12}$, $\frac{\square}{4}$

공약수 1은 약분해도 결과가 같아지니까 안나누어도 돼요.

3. $\frac{6}{12}$ ➡ $\frac{\square}{6}$, $\frac{\square}{4}$, $\frac{\square}{2}$

4. $\frac{8}{16}$ ➡ $\frac{\square}{8}$, $\frac{\square}{4}$, $\frac{\square}{2}$

5. $\frac{16}{24}$ ➡ $\frac{\square}{12}$, $\frac{\square}{6}$, $\frac{\square}{3}$

6. $\frac{14}{42}$ ➡ $\frac{\square}{21}$, $\frac{\square}{6}$, $\frac{\square}{3}$

7. $\frac{16}{28}$ ➡ $\frac{8}{\square}$, $\frac{4}{\square}$

8. $\frac{30}{54}$ ➡ $\frac{15}{\square}$, $\frac{10}{\square}$, $\frac{5}{\square}$

9. $\frac{20}{30}$ ➡ $\frac{10}{\square}$, $\frac{4}{\square}$, $\frac{2}{\square}$

10. $\frac{21}{63}$ ➡ $\frac{7}{\square}$, $\frac{3}{\square}$, $\frac{1}{\square}$

11. $\frac{32}{56}$ ➡ $\frac{16}{\square}$, $\frac{8}{\square}$, $\frac{4}{\square}$

12. $\frac{45}{75}$ ➡ $\frac{15}{\square}$, $\frac{9}{\square}$, $\frac{3}{\square}$

약분한 분수를 모두 쓰세요.

1. $\frac{12}{16}$ ➡ $\frac{\square}{8}$, $\frac{\square}{4}$

2. $\frac{16}{20}$ ➡ $\frac{\square}{10}$, $\frac{\square}{\square}$

3. $\frac{4}{24}$ ➡ _____, _____

4. $\frac{12}{30}$ ➡ _____, _____, _____

5. $\frac{27}{36}$ ➡ _____, _____

6. $\frac{36}{45}$ ➡ _____, _____

7. $\frac{40}{50}$ ➡ _____, _____, _____

8. $\frac{28}{70}$ ➡ _____, _____, _____

9. $\frac{70}{100}$ ➡ _____, _____, _____

친구들이 자주 틀리는 문제! 앗! 실수

10. $\frac{32}{48}$ ➡ _____, _____, _____, $\frac{\square}{3}$

11. $\frac{54}{72}$ ➡ _____, _____, _____, _____, $\frac{\square}{4}$

이렇게 지워서 약분할 수 있어요.

$\frac{\overset{3}{\cancel{6}}}{\underset{6}{\cancel{12}}} = \frac{3}{6}$, $\frac{\overset{2}{\cancel{6}}}{\underset{4}{\cancel{12}}} = \frac{2}{4}$, $\frac{\overset{1}{\cancel{6}}}{\underset{2}{\cancel{12}}} = \frac{1}{2}$

$\frac{6 \div 2}{12 \div 2}$ $\frac{6 \div 3}{12 \div 3}$ $\frac{6 \div 6}{12 \div 6}$

27 더 이상 약분이 안되는 분수가 기약분수!

기약분수로 나타내세요.

분모와 분자의 공약수가 1뿐인 분수예요.

1 $\frac{\cancel{6}^{1}}{\cancel{12}_{2}}$ ➡ $\frac{\square}{2}$

6과 12의 최대공약수: 6

공약수로 여러 번 나누는 것보다 최대공약수로 나누면 한 번에 기약분수를 구할 수 있어요.

기약분수로 나타내는 방법

방법 1 분모와 분자의 공약수로 더 이상 나누어지지 않을 때까지 나누어요.

$\frac{\cancel{6}^{3}}{\cancel{12}_{6}} = \frac{\cancel{3}^{1}}{\cancel{6}_{2}} = \frac{1}{2}$

방법 2 분모와 분자의 최대공약수로 나누어요.

$\frac{\cancel{6}^{1}}{\cancel{12}_{2}} = \frac{1}{2}$

2 $\frac{9}{15}$ ➡ _____

3 $\frac{18}{24}$ ➡ _____

4 $\frac{16}{28}$ ➡ _____

5 $\frac{24}{30}$ ➡ _____

6 $\frac{22}{44}$ ➡ _____

7 $\frac{26}{52}$ ➡ _____

8 $\frac{16}{56}$ ➡ _____

9 $\frac{27}{81}$ ➡ _____

10 $\frac{36}{45}$ ➡ _____

11 $\frac{25}{100}$ ➡ _____

목표 시간 3분

기약분수로 나타내세요.

1 $\frac{8}{28}$ ➡ _____

2 $\frac{20}{32}$ ➡ _____

3 $\frac{18}{36}$ ➡ _____

4 $\frac{16}{40}$ ➡ _____

5 $\frac{12}{42}$ ➡ _____

6 $\frac{28}{56}$ ➡ _____

7 $\frac{12}{54}$ ➡ _____

8 $\frac{27}{63}$ ➡ _____

9 $\frac{16}{80}$ ➡ _____

친구들이 자주 틀리는 문제! 앗! 실수

10 $\frac{24}{72}$ ➡ _____

11 $\frac{48}{84}$ ➡ _____

12 $\frac{54}{90}$ ➡ _____

아래의 수들을 외워 두었다가 차례로 약분해 봐요!
이 정도만 확인해도 충분해요.
2 ➡ 3 ➡ 5 ➡ 7 ➡ 11 ➡ 13 ➡ 17 ➡ 19

28 두 분모의 곱을 이용하면 통분이 빨라져

목표 시간 3분

두 분모의 곱을 공통분모로 하여 통분하세요.

❶ $\left(\frac{1}{2}, \frac{2}{3}\right) \Rightarrow \left(\frac{1\times3}{2\times3}, \frac{2\times2}{3\times2}\right)$

두 분모의 곱
2×3=6

$\Rightarrow \left(\frac{\boxed{3}}{6}, \frac{\boxed{}}{6}\right)$

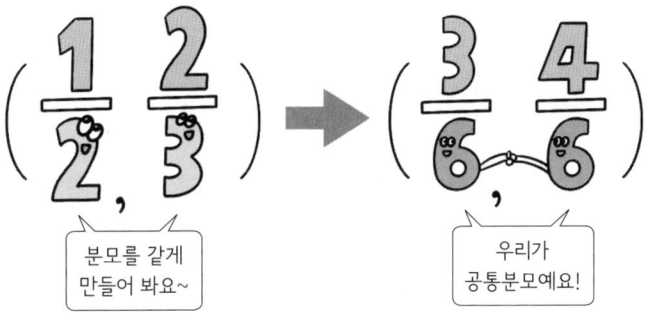

❷ $\left(\frac{4}{5}, \frac{1}{3}\right) \Rightarrow \left(\frac{\boxed{}}{15}, \frac{\boxed{}}{15}\right)$

분수의 분모를 같게 하는 것을
통분한다고 해요.

❸ $\left(\frac{3}{4}, \frac{5}{8}\right) \Rightarrow (\quad , \quad)$

❹ $\left(\frac{2}{3}, \frac{2}{7}\right) \Rightarrow (\quad , \quad)$

❺ $\left(\frac{1}{6}, \frac{5}{9}\right) \Rightarrow (\quad , \quad)$

❻ $\left(\frac{8}{11}, \frac{4}{5}\right) \Rightarrow (\quad , \quad)$

❼ $\left(\frac{3}{8}, \frac{7}{9}\right) \Rightarrow (\quad , \quad)$

❽ $\left(\frac{5}{6}, \frac{3}{10}\right) \Rightarrow (\quad , \quad)$

❾ $\left(1\frac{2}{3}, \frac{5}{6}\right) \Rightarrow \left(1\frac{12}{18}, \quad\right)$

대분수의 자연수 부분은 그대로
쓰고 분수 부분만 통분해요.

❿ $\left(\frac{5}{12}, 2\frac{1}{4}\right) \Rightarrow (\quad , \quad)$

⓫ $\left(3\frac{4}{13}, 3\frac{2}{5}\right) \Rightarrow (\quad , \quad)$

두 분모의 곱을 공통분모로 하여 통분하세요.

1. $\left(\frac{1}{2}, \frac{3}{5}\right)$ ➡ (,)

2. $\left(\frac{2}{3}, \frac{1}{4}\right)$ ➡ (,)

3. $\left(\frac{1}{6}, \frac{2}{7}\right)$ ➡ (,)

4. $\left(\frac{3}{8}, \frac{3}{4}\right)$ ➡ (,)

5. $\left(\frac{2}{5}, \frac{4}{9}\right)$ ➡ (,)

6. $\left(\frac{1}{4}, \frac{5}{6}\right)$ ➡ (,)

7. $\left(\frac{3}{10}, \frac{2}{5}\right)$ ➡ (,)

8. $\left(\frac{1}{2}, \frac{10}{13}\right)$ ➡ (,)

9. $\left(2\frac{5}{6}, \frac{7}{8}\right)$ ➡ (,)

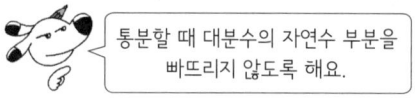

10. $\left(\frac{4}{9}, 3\frac{8}{11}\right)$ ➡ (,)

친구들이 자주 틀리는 문제! 앗! 실수

11. $\left(2\frac{9}{14}, \frac{3}{4}\right)$ ➡ (,)

12. $\left(\frac{12}{17}, 3\frac{2}{3}\right)$ ➡ (,)

29 두 분모의 최소공배수로 통분하면 수가 간단해져

목표 시간 3분

두 분모의 최소공배수를 공통분모로 하여 통분하세요.

❶ $\left(\frac{1}{4}, \frac{1}{6}\right) \Rightarrow \left(\frac{1\times3}{4\times3}, \frac{1\times2}{6\times2}\right)$

4와 6의 최소공배수: 12

$\Rightarrow \left(\frac{\boxed{3}}{12}, \frac{\boxed{2}}{12}\right)$

❷ $\left(\frac{1}{3}, \frac{2}{15}\right) \Rightarrow (\quad , \quad)$

먼저 두 분모의 최소공배수를 구해 봐요.

❸ $\left(\frac{5}{6}, \frac{4}{9}\right) \Rightarrow (\quad , \quad)$

❹ $\left(\frac{3}{16}, \frac{3}{8}\right) \Rightarrow (\quad , \quad)$

❺ $\left(\frac{3}{4}, \frac{9}{10}\right) \Rightarrow (\quad , \quad)$

❻ $\left(\frac{7}{8}, \frac{5}{12}\right) \Rightarrow (\quad , \quad)$

❼ $\left(\frac{3}{4}, \frac{9}{14}\right) \Rightarrow (\quad , \quad)$

❽ $\left(1\frac{3}{8}, \frac{7}{10}\right) \Rightarrow (\quad , \quad)$

대분수의 자연수 부분은 그대로 쓰고 분수 부분만 통분해요.

❾ $\left(\frac{5}{12}, 3\frac{2}{9}\right) \Rightarrow (\quad , \quad)$

❿ $\left(1\frac{1}{14}, 1\frac{5}{6}\right) \Rightarrow (\quad , \quad)$

⓫ $\left(2\frac{5}{9}, 1\frac{4}{15}\right) \Rightarrow (\quad , \quad)$

최소공배수로 빠르게 통분하는 꿀팁

$\left(\frac{5}{9}, \frac{4}{15}\right) \Rightarrow \left(\frac{5\times5}{9\times5}, \frac{4\times3}{15\times3}\right) \Rightarrow \left(\frac{25}{45}, \frac{12}{45}\right)$

3) 9 15
3 5 ➡ 최소공배수: 45

두 분모를 최대공약수로 나눈 몫을 자리를 바꾸어 각 분모와 분자에 곱해 줘요.

두 분모의 최소공배수를 공통분모로 하여 통분하세요.

1. $\left(\frac{1}{6}, \frac{5}{8}\right)$ ➡ (　　,　　)

2. $\left(\frac{3}{10}, \frac{5}{6}\right)$ ➡ (　　,　　)

3. $\left(\frac{2}{9}, \frac{5}{12}\right)$ ➡ (　　,　　)

4. $\left(\frac{8}{15}, \frac{9}{10}\right)$ ➡ (　　,　　)

5. $\left(\frac{1}{8}, \frac{5}{14}\right)$ ➡ (　　,　　)

6. $\left(\frac{3}{10}, \frac{5}{12}\right)$ ➡ (　　,　　)

7. $\left(\frac{3}{4}, \frac{11}{18}\right)$ ➡ (　　,　　)

8. $\left(\frac{9}{20}, \frac{7}{15}\right)$ ➡ (　　,　　)

9. $\left(\frac{6}{13}, 1\frac{9}{26}\right)$ ➡ (　　,　　)

10. $\left(3\frac{4}{6}, \frac{7}{22}\right)$ ➡ (　　,　　)

친구들이 자주 틀리는 문제! 앗! 실수

11. $\left(2\frac{5}{12}, 4\frac{5}{16}\right)$ ➡ (　　,　　)

12. $\left(3\frac{9}{14}, 3\frac{8}{21}\right)$ ➡ (　　,　　)

30 분모가 다른 분수의 크기 비교는 통분 먼저!

통분하여 두 분수의 크기를 비교하세요.

1 $\left(\frac{1}{2}, \frac{2}{5}\right)$ ➡ $\left(\frac{5}{10}, \frac{4}{10}\right)$ ➡ $\frac{1}{2} > \frac{2}{5}$

통분 5>4 크기 비교

2 $\left(\frac{2}{3}, \frac{5}{7}\right)$ ➡ (,) ➡ $\frac{2}{3}$ ◯ $\frac{5}{7}$

3 $\left(\frac{3}{4}, \frac{5}{6}\right)$ ➡ (,) ➡ $\frac{3}{4}$ ◯ $\frac{5}{6}$

4 $\left(\frac{5}{6}, \frac{7}{9}\right)$ ➡ (,) ➡ $\frac{5}{6}$ ◯ $\frac{7}{9}$

5 $\left(\frac{7}{10}, \frac{5}{8}\right)$ ➡ (,) ➡ $\frac{7}{10}$ ◯ $\frac{5}{8}$

6 $\left(\frac{3}{8}, \frac{5}{12}\right)$ ➡ (,) ➡ $\frac{3}{8}$ ◯ $\frac{5}{12}$

7 $\left(\frac{11}{15}, \frac{13}{20}\right)$ ➡ (,) ➡ $\frac{11}{15}$ ◯ $\frac{13}{20}$

두 분수의 크기를 비교하여 ○ 안에 >, =, <를 알맞게 써넣으세요.

1. $\frac{5}{6}$ < $\frac{13}{15}$

   $\frac{25}{30}$ $\frac{26}{30}$

2. $\frac{3}{5}$ ○ $\frac{5}{8}$

3. $\frac{3}{8}$ ○ $\frac{5}{24}$

4. $\frac{7}{10}$ ○ $\frac{11}{15}$

5. $\frac{4}{9}$ ○ $\frac{5}{12}$

6. $\frac{9}{26}$ ○ $\frac{4}{13}$

7. $\frac{7}{12}$ ○ $\frac{11}{18}$

8. $\frac{3}{14}$ ○ $\frac{11}{42}$

9. $3\frac{2}{5}$ ○ $3\frac{4}{11}$

10. $1\frac{9}{16}$ ○ $1\frac{13}{24}$

11. $4\frac{13}{20}$ ○ $4\frac{19}{30}$

두 분수의 크기 비교가 빨라지는 꿀팁

통분하면 분모가 같아지니까
분자가 더 커지는 쪽이 더 큰 분수예요.

390 > 380

$\frac{13}{20}$ $\frac{19}{30}$ ➡ $\frac{13}{20} > \frac{19}{30}$

이렇게 분모를 서로 다른 분자에
곱한 값만 비교하면 빨라요~

31 두 분수씩 짝지어 비교하기

목표 시간 3분

두 분수의 크기를 비교하여 더 큰 분수를 위의 □ 안에 써넣으세요.

1

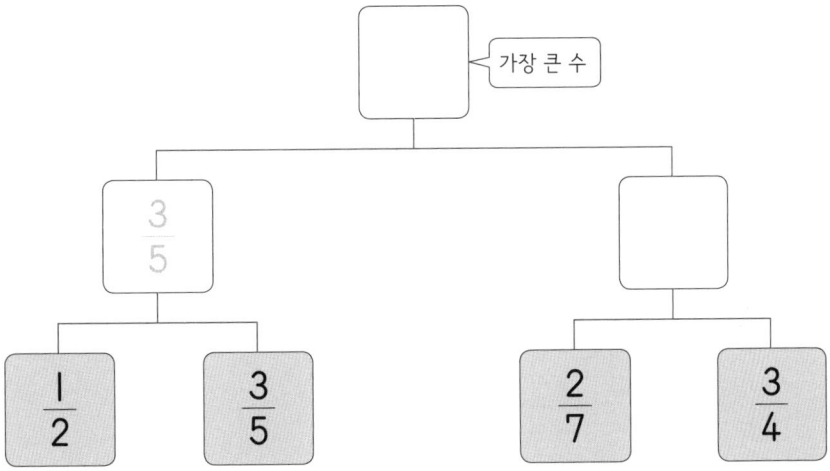

2

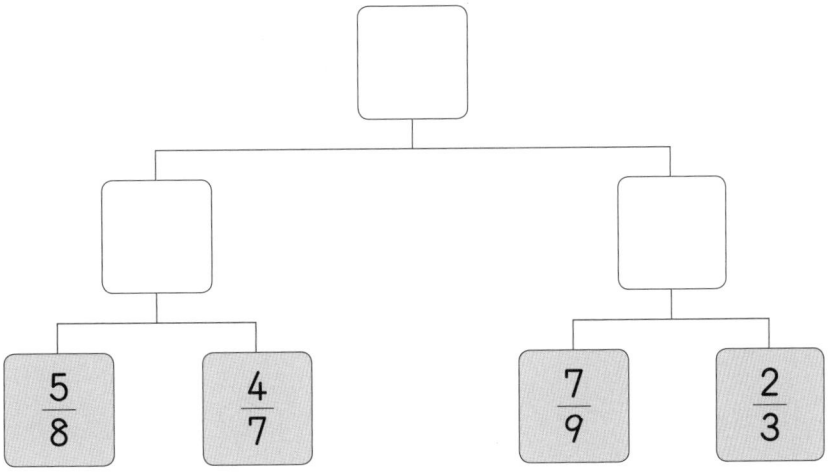

3

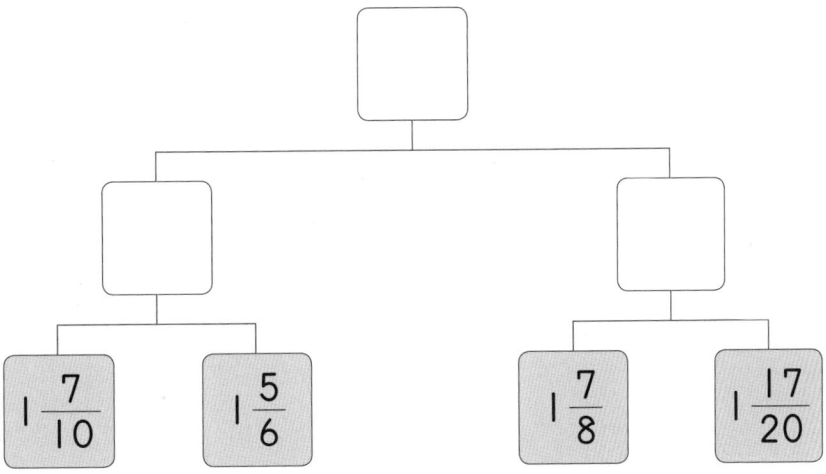

두 분수의 크기를 비교하여 더 작은 분수를 아래의 □ 안에 써넣으세요.

1

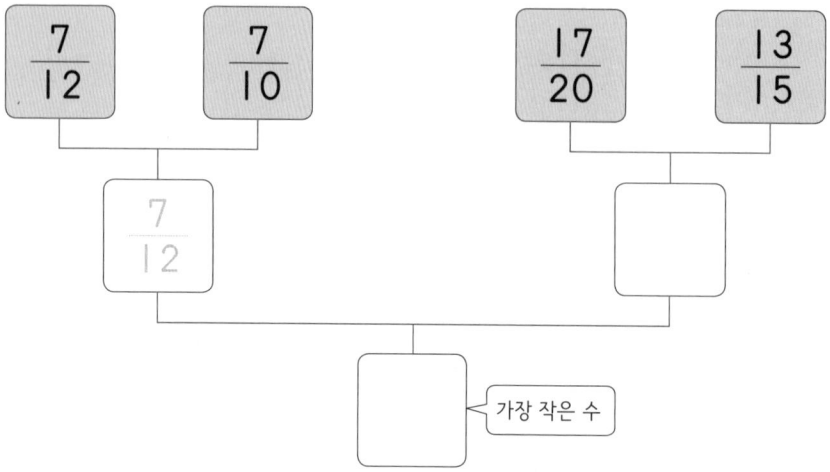

2

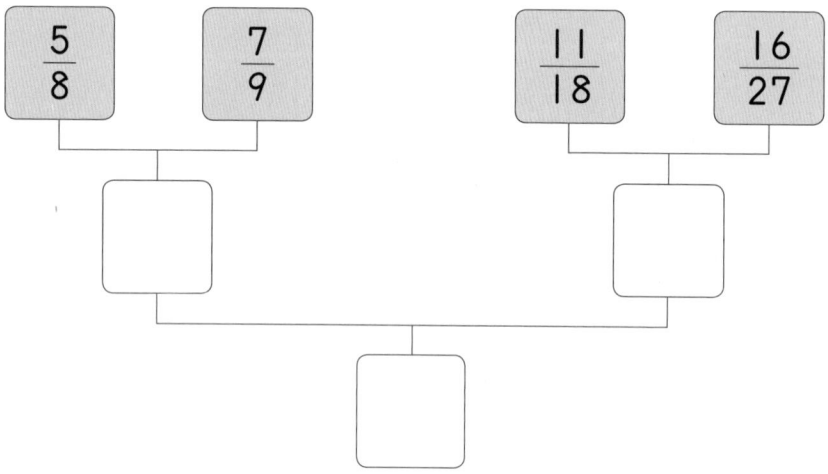

3

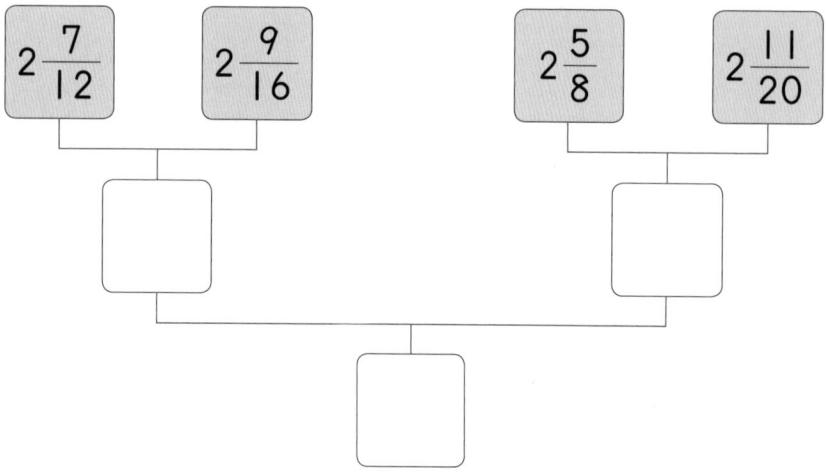

32 세 분수는 두 분수씩 차례로 비교하자

목표 시간 2분

세 분수의 크기를 비교하려고 합니다. 빈 곳에 알맞게 써넣으세요.

분모가 다른 세 분수의 크기는 두 분수씩 차례로 비교하면 돼요.

1 $\frac{2}{3}$ $\frac{3}{4}$ $\frac{5}{7}$

통분 크기 비교

($\frac{2}{3}$, $\frac{3}{4}$) ➡ ($\frac{8}{12}$, $\frac{9}{12}$) ➡ $\frac{2}{3}$ < $\frac{3}{4}$

($\frac{3}{4}$, $\frac{5}{7}$) ➡ (,) ➡ $\frac{3}{4}$ ○ $\frac{5}{7}$

($\frac{2}{3}$, $\frac{5}{7}$) ➡ (,) ➡ $\frac{2}{3}$ ○ $\frac{5}{7}$

➡ □ > □ > □

가장 큰 수부터 차례로 써요.

답을 쓸 때는 통분한 분수가 아니라 원래의 세 분수를 써야 해요~

2 $\frac{5}{12}$ $\frac{4}{9}$ $\frac{7}{18}$

($\frac{5}{12}$, $\frac{4}{9}$) ➡ (,) ➡ $\frac{5}{12}$ ○ $\frac{4}{9}$

($\frac{4}{9}$, $\frac{7}{18}$) ➡ (,) ➡ $\frac{4}{9}$ ○ $\frac{7}{18}$

($\frac{5}{12}$, $\frac{7}{18}$) ➡ (,) ➡ $\frac{5}{12}$ ○ $\frac{7}{18}$

➡ □ > □ > □

세 분수의 크기를 비교하려고 합니다. 빈 곳에 알맞게 써넣으세요.

1. $\frac{1}{5}$ $\frac{3}{10}$ $\frac{4}{15}$

$\frac{1}{5}$ < $\frac{3}{10}$ $\frac{3}{10}$ ○ $\frac{4}{15}$ $\frac{1}{5}$ ○ $\frac{4}{15}$

➡ □ > □ > □

2. $\frac{5}{7}$ $\frac{3}{5}$ $\frac{47}{70}$

$\frac{5}{7}$ ○ $\frac{3}{5}$ $\frac{3}{5}$ ○ $\frac{47}{70}$ $\frac{5}{7}$ ○ $\frac{47}{70}$

➡ □ > □ > □

3. $\frac{5}{8}$ $\frac{7}{10}$ $\frac{13}{20}$ ➡ □ > □ > □

4. $\frac{3}{5}$ $\frac{5}{9}$ $\frac{7}{15}$ ➡ □ > □ > □

5. $\frac{7}{12}$ $\frac{11}{16}$ $\frac{13}{24}$ ➡ □ > □ > □

33 분수와 소수의 크기 비교하기

목표 시간 3분

두 수의 크기를 비교하여 ○ 안에 >, =, <를 알맞게 써넣으세요.

1. $\frac{1}{2}$ ○ 0.4

$\frac{1}{2}=\frac{5}{10}=0.5$

분수를 소수로 바꾸어 소수끼리 비교할 수 있어요.

2. $\frac{2}{5}$ ○ 0.5

3. $\frac{3}{4}$ ○ 0.85

4. $\frac{7}{20}$ ○ 0.36

5. $\frac{6}{25}$ ○ 0.19

6. $\frac{3}{8}$ ○ 0.4

7. 0.7 ○ $\frac{3}{5}$

$0.7=\frac{7}{10}$ $\frac{3}{5}=\frac{6}{10}$

소수를 분수로 바꾸어 분수끼리 비교할 수도 있어요.

8. 0.16 ○ $\frac{9}{50}$

9. 0.57 ○ $\frac{14}{25}$

10. 0.73 ○ $\frac{37}{50}$

11. 0.591 ○ $\frac{5}{8}$

분모를 10, 100, 1000으로 바꿀 때 꿀팁

분모가 2, 5이면 ➡ 분모를 10으로!
분모가 4, 20, 25, 50이면 ➡ 분모를 100으로!
분모가 8, 125이면 ➡ 분모를 1000으로!

기억해 두면 분수를 소수로 바꿀 때 편리해요.

두 수의 크기를 비교하여 ○ 안에 >, =, <를 알맞게 써넣으세요.

1. $\frac{3}{4}$ ○ 0.8

2. 0.42 ○ $\frac{2}{5}$

3. $\frac{2}{25}$ ○ 0.09

4. 0.83 ○ $\frac{9}{10}$

5. $\frac{19}{50}$ ○ 0.4

6. 0.61 ○ $\frac{11}{20}$

7. 0.92 ○ $\frac{173}{200}$

8. 4.4 ○ $4\frac{1}{2}$

9. $5\frac{1}{5}$ ○ 5.2

10. 2.724 ○ $2\frac{5}{8}$

11. $6\frac{7}{25}$ ○ 6.27

이정도 분수와 소수는 외워 두면 정말 편해요!

$\frac{1}{2}=0.5$, $\frac{1}{5}=0.2$, $\frac{1}{4}=0.25$, $\frac{3}{4}=0.75$

$\frac{1}{8}=0.125$, $\frac{3}{8}=0.375$, $\frac{5}{8}=0.625$, $\frac{7}{8}=0.875$

34 생활 속 연산 — 약분과 통분

목표 시간 3분

그림을 보고 □ 안에 알맞은 수를 써넣으세요.

1

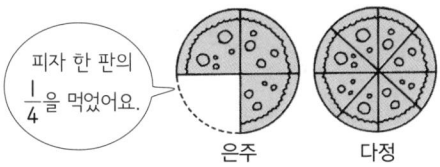

은주와 다정이는 같은 크기의 피자를 각각 4조각, 8조각으로 똑같이 나누었습니다.
다정이가 은주와 같은 양을 먹으려면 다정이는 □조각을 먹어야 합니다.

2

멜론 36개 중에서 30개가 팔렸습니다. 팔린 멜론은 전체 멜론의 몇 분의 몇인지 기약분수로 나타내면 □입니다.

3

서준이는 $\frac{7}{9}$시간 동안 낮잠을 잤고,
소영이는 $\frac{11}{15}$시간 동안 낮잠을 잤습니다.
낮잠을 더 오래 잔 사람은 □입니다.

4

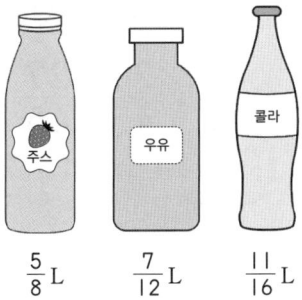

주스, 우유, 콜라가 각각 한 병씩 있습니다. 이 중에서 가장 많은 음료는 □입니다.

택배 상자에 적힌 두 분수를 최소공배수로 통분하면 배달해야 할 집을 찾을 수 있어요. 택배 상자와 배달해야 할 집을 선으로 이어 보세요.

1 $\left(\frac{2}{3}, \frac{4}{15}\right)$

2 $\left(\frac{4}{9}, \frac{3}{5}\right)$

3 $\left(\frac{7}{8}, \frac{5}{6}\right)$

4 $\left(\frac{5}{12}, \frac{9}{16}\right)$

$\left(\frac{21}{24}, \frac{20}{24}\right)$

$\left(\frac{10}{15}, \frac{4}{15}\right)$

$\left(\frac{20}{48}, \frac{27}{48}\right)$

$\left(\frac{20}{45}, \frac{27}{45}\right)$

넷째 마당 분수의 덧셈과 뺄셈

교과서 5. 분수의 덧셈과 뺄셈

35 분모가 다르면 통분한 다음 더하자
36 계산 결과가 가분수이면 대분수로 바꾸자
37 통분한 다음 자연수끼리, 분수끼리 더하자
38 분수끼리의 합이 가분수이면 대분수로 바꾸자
39 대분수를 가분수로 바꾸어 더하는 연습도 필요해
40 대분수를 가분수로 바꾸어 더하는 연습 한 번 더!
41 받아올림이 있는 분수의 덧셈 집중 연습
42 분모가 다른 분수의 덧셈 완벽하게 끝내기
43 분모가 다르면 통분한 다음 빼자
44 통분한 다음 자연수끼리, 분수끼리 빼자
45 자연수 부분에서 1만큼을 가분수로 바꾸어 빼자
46 대분수를 가분수로 바꾸어 빼는 연습도 필요해
47 대분수를 가분수로 바꾸어 빼는 연습 한 번 더!
48 받아내림이 있는 분수의 뺄셈 집중 연습
49 분모가 다른 분수의 뺄셈 완벽하게 끝내기
50 생활 속 연산 — 분수의 덧셈과 뺄셈

바빠 개념 쏙쏙!

✪ 분모가 다른 진분수의 덧셈

$$\frac{2}{3}+\frac{1}{4}=\frac{2\times4}{3\times4}+\frac{1\times3}{4\times3}$$

❶ 분모를 통분해요.

$$=\frac{8}{12}+\frac{3}{12}=\frac{11}{12}$$

❷ 분모는 그대로 두고, 분자끼리 더해요.

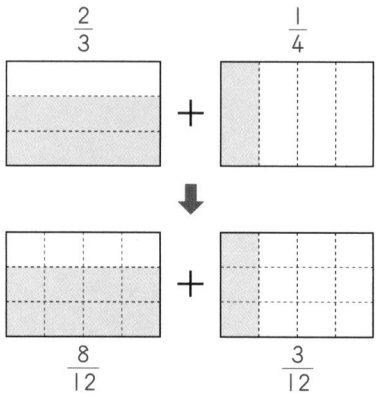

✪ 분모가 다른 진분수의 뺄셈

$$\frac{1}{2}-\frac{1}{3}=\frac{1\times3}{2\times3}-\frac{1\times2}{3\times2}$$

❶ 분모를 통분해요.

$$=\frac{3}{6}-\frac{2}{6}=\frac{1}{6}$$

❷ 분모는 그대로 두고, 분자끼리 빼요.

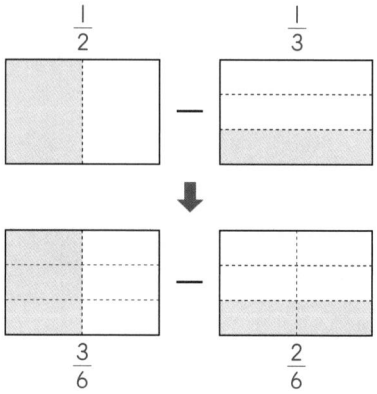

✪ 분모가 다른 대분수의 덧셈

$$2\frac{1}{6}+1\frac{2}{9}=2\frac{3}{18}+1\frac{4}{18}=(2+1)+(\frac{3}{18}+\frac{4}{18})=3+\frac{7}{18}=3\frac{7}{18}$$

❶ 분모를 통분해요. ❷ 자연수끼리, 분수끼리 더해요.

✪ 분모가 다른 대분수의 뺄셈

$$3\frac{1}{2}-1\frac{3}{8}=3\frac{4}{8}-1\frac{3}{8}=(3-1)+(\frac{4}{8}-\frac{3}{8})=2+\frac{1}{8}=2\frac{1}{8}$$

❶ 분모를 통분해요. ❷ 자연수끼리, 분수끼리 빼요.

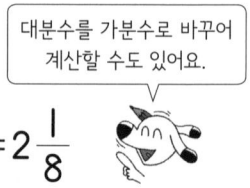

35 분모가 다르면 통분한 다음 더하자

목표 시간 3분

계산하여 기약분수로 나타내세요.

분모와 분자의 공약수가 1뿐인 분수예요.

분모가 다르면 같게 한 다음 더해 줘요.
계산 결과가 약분이 되면 약분해서
기약분수로 나타내세요~

1. $\frac{1}{2}+\frac{1}{5}=\frac{\boxed{5}}{10}+\frac{\boxed{}}{10}=\frac{\boxed{}}{10}$

분모를 통분해요.

2. $\frac{3}{4}+\frac{1}{8}=\frac{\boxed{}}{8}+\frac{1}{8}=\frac{\boxed{}}{8}$

분모의 최소공배수로 통분하면
수가 간단해져서 계산이 편리해요.

분모의 곱으로 통분하면 약분이 꼭 필요해요.

$\frac{3}{4}+\frac{1}{8}=\frac{24}{32}+\frac{4}{32}=\frac{\cancel{28}^{7}}{\cancel{32}_{8}}=\frac{7}{8}$

3. $\frac{4}{5}+\frac{1}{10}=$

4. $\frac{1}{12}+\frac{3}{24}=$

5. $\frac{1}{3}+\frac{1}{2}=$

6. $\frac{3}{8}+\frac{1}{6}=$

7. $\frac{1}{6}+\frac{2}{7}=$

8. $\frac{4}{7}+\frac{2}{9}=$

9. $\frac{5}{8}+\frac{1}{12}=$

10. $\frac{3}{10}+\frac{3}{8}=$

11. $\frac{2}{9}+\frac{5}{12}=$

12. $\frac{1}{15}+\frac{4}{9}=$

개정된 교육과정에서는 계산 결과를 약분하지 않아도 답으로 인정합니다. 하지만 기약분수로 나타내는 습관을 들이는 게 좋습니다.

목표 시간 3분

계산하여 기약분수로 나타내세요.

1. $\frac{1}{2}+\frac{4}{9}=$
2. $\frac{2}{3}+\frac{1}{15}=$
3. $\frac{3}{7}+\frac{1}{9}=$
4. $\frac{1}{6}+\frac{3}{4}=$
5. $\frac{2}{7}+\frac{3}{5}=$
6. $\frac{3}{8}+\frac{11}{24}=$
7. $\frac{5}{6}+\frac{2}{15}=$
8. $\frac{3}{18}+\frac{5}{12}=$
9. $\frac{3}{14}+\frac{1}{21}=$
10. $\frac{1}{8}+\frac{3}{10}=$
11. $\frac{9}{20}+\frac{4}{15}=$
12. $\frac{5}{24}+\frac{7}{16}=$

36 계산 결과가 가분수이면 대분수로 바꾸자

목표 시간 3분

계산하여 기약분수로 나타내세요.

계산 결과가 가분수이면 대분수로 바꾸어 나타내요.

❶ $\frac{1}{2}+\frac{2}{3}=\frac{3}{6}+\frac{\square}{6}=\frac{\square}{6}=\square$

❶ 분모를 통분해요. ❷ 대분수로 나타내요.

❷ $\frac{3}{4}+\frac{5}{6}=$

❸ $\frac{1}{3}+\frac{7}{9}=$

❹ $\frac{3}{5}+\frac{5}{8}=$

❺ $\frac{4}{21}+\frac{6}{7}=$

❻ $\frac{7}{8}+\frac{7}{20}=$

❼ $\frac{1}{4}+\frac{9}{10}=$

❽ $\frac{11}{12}+\frac{4}{9}=$

❾ $\frac{4}{5}+\frac{8}{15}=$

❿ $\frac{9}{12}+\frac{5}{18}=$

⓫ $\frac{7}{10}+\frac{11}{15}=$

통분이 빨라지는 꿀팁

최대공약수를 아래에 쓰고, 분모에서 몇을 곱해야 하는지 옆에 살짝 써놓으세요.

이렇게 분자와 몇을 곱한 값이 통분한 분수의 분자가 돼요~

$\frac{1}{2}+\frac{4}{9}$ ➡ $\frac{\overset{⑨}{1}\times}{2}+\frac{\overset{⑧}{4}\times}{9}=\frac{⑨}{18}+\frac{⑧}{18}$

9 2 18 ← 두 분모의 최대공약수

계산하여 기약분수로 나타내세요.

1. $\frac{1}{2}+\frac{5}{8}=$

2. $\frac{2}{5}+\frac{6}{7}=$

3. $\frac{3}{4}+\frac{5}{12}=$

4. $\frac{3}{5}+\frac{7}{10}=$

5. $\frac{8}{9}+\frac{7}{18}=$

6. $\frac{9}{10}+\frac{1}{6}=$

7. $\frac{2}{3}+\frac{5}{6}=$

8. $\frac{1}{4}+\frac{10}{13}=$

9. $\frac{5}{8}+\frac{7}{12}=$

10. $\frac{1}{3}+\frac{11}{16}=$

11. $\frac{5}{9}+\frac{4}{5}=$

12. $\frac{8}{15}+\frac{13}{20}=$

37 통분한 다음 자연수끼리, 분수끼리 더하자

목표 시간 3분

자연수끼리, 분수끼리 계산하여 기약분수로 나타내세요.

4학년 때 분모가 같은 대분수의 덧셈을 배웠죠? 통분 과정만 하나 더 늘어난 거예요~

❶ $1\frac{1}{2}+3\frac{1}{4}=1\frac{\square}{4}+3\frac{1}{4}=(1+3)+(\frac{\square}{4}+\frac{1}{4})=4\frac{\square}{4}$

❶ 분모를 통분해요. ❷ 자연수끼리, 분수끼리 더해요.

❷ $2\frac{3}{4}+1\frac{1}{6}=2\frac{\square}{12}+1\frac{\square}{12}=(2+1)+(\frac{\square}{12}+\frac{\square}{12})=3\frac{\square}{12}$

❸ $1\frac{1}{5}+3\frac{1}{2}=$ _____

❹ $2\frac{1}{4}+2\frac{2}{7}=$ _____

❺ $2\frac{2}{9}+4\frac{5}{18}=$ _____

❻ $4\frac{1}{6}+1\frac{5}{8}=$ _____

❼ $3\frac{1}{12}+1\frac{7}{9}=$ _____

자연수끼리, 분수끼리 계산하여 기약분수로 나타내세요.

1. $2\frac{2}{9}+1\frac{1}{3}=2\frac{2}{9}+1\frac{\square}{9}=\square$

2. $2\frac{1}{10}+3\frac{1}{2}=$

3. $2\frac{1}{3}+2\frac{1}{5}=$

4. $1\frac{3}{7}+1\frac{5}{14}=$

5. $2\frac{1}{4}+3\frac{2}{9}=$

6. $6\frac{1}{10}+2\frac{3}{4}=$

7. $4\frac{1}{3}+1\frac{5}{12}=$

8. $3\frac{3}{8}+1\frac{1}{12}=$

9. $1\frac{1}{6}+4\frac{3}{8}=$

10. $1\frac{2}{15}+3\frac{3}{10}=$

11. $5\frac{1}{4}+1\frac{7}{18}=$

12. $2\frac{5}{12}+3\frac{1}{15}=$

38 분수끼리의 합이 가분수이면 대분수로 바꾸자

목표 시간 3분

자연수끼리, 분수끼리 계산하여 기약분수로 나타내세요.

분수끼리의 합이 가분수이면 대분수로 나타내요.

❶ $2\frac{1}{2}+1\frac{2}{3}=2\frac{\square}{6}+1\frac{\square}{6}=(2+1)+(\frac{\square}{6}+\frac{\square}{6})=3\frac{\square}{6}=\square$

❶ 분모를 통분해요. ❷ 자연수끼리, 분수끼리 더해요. ❸ 대분수로 나타내요.

❷ $1\frac{1}{2}+3\frac{3}{5}=$ _____

❸ $1\frac{1}{3}+1\frac{3}{4}=$ _____

❹ $2\frac{1}{4}+2\frac{5}{6}=$ _____

❺ $1\frac{5}{6}+2\frac{2}{3}=$ _____

❻ $3\frac{5}{6}+2\frac{7}{15}=$ _____

❼ $3\frac{7}{8}+1\frac{7}{40}=$ _____

자연수끼리, 분수끼리 계산하여 기약분수로 나타내세요.

1 $1\frac{3}{4}+2\frac{1}{3}=1\frac{\square}{12}+2\frac{\square}{12}=3\frac{\square}{12}=\square$

답은 대분수로 나타내요.

2 $2\frac{7}{8}+3\frac{1}{4}=$

3 $4\frac{7}{9}+1\frac{1}{3}=$

4 $6\frac{1}{2}+1\frac{9}{14}=$

5 $1\frac{13}{15}+4\frac{1}{3}=$

6 $1\frac{3}{5}+1\frac{4}{9}=$

7 $2\frac{7}{10}+2\frac{3}{4}=$

8 $3\frac{7}{12}+2\frac{11}{16}=$

9 $3\frac{4}{5}+5\frac{9}{20}=$

10 $3\frac{5}{6}+3\frac{7}{8}=$

11 $4\frac{5}{18}+3\frac{3}{4}=$

39 대분수를 가분수로 바꾸어 더하는 연습도 필요해

목표 시간 3분

대분수를 가분수로 바꾸어 계산하여 기약분수로 나타내세요.

❶ $3\frac{1}{2}+1\frac{1}{3}=\frac{\square}{2}+\frac{\square}{3}=\frac{\square}{6}+\frac{\square}{6}=\frac{\square}{6}=\square$

❶ 가분수로 바꿔요. ❷ 분모를 통분해요. ❸ 대분수로 나타내요.

❷ $1\frac{2}{5}+1\frac{3}{10}=\frac{\square}{5}+\frac{\square}{10}=\frac{\square}{10}+\frac{\square}{10}=\frac{\square}{10}=\square$

❸ $1\frac{2}{3}+2\frac{1}{4}=$ _____

❹ $4\frac{1}{2}+1\frac{3}{7}=$ _____

❺ $1\frac{1}{6}+1\frac{4}{9}=$ _____

❻ $2\frac{7}{10}+1\frac{7}{15}=$ _____

❼ $1\frac{3}{8}+1\frac{9}{10}=$ _____

교과서에서는 대분수의 덧셈을 2가지 방법으로 모두 연습합니다. 39과는 대분수를 가분수로 바꾸어 풀어 보세요.

목표 시간 4분

대분수를 가분수로 바꾸어 계산하여 기약분수로 나타내세요.

1. $5\frac{1}{2}+3\frac{1}{4}=\frac{\square}{2}+\frac{\square}{4}=\frac{\square}{4}+\frac{\square}{4}=\frac{\square}{4}=\square$

가분수로 바꾸어 푸는 연습도 해 두면 교과서를 풀 때 자신감이 생길 거예요!

2. $2\frac{1}{4}+2\frac{2}{5}=$

3. $1\frac{1}{3}+1\frac{2}{9}=$

4. $2\frac{2}{5}+1\frac{2}{3}=$

5. $2\frac{1}{4}+1\frac{5}{16}=$

6. $1\frac{4}{9}+4\frac{1}{6}=$

7. $1\frac{3}{5}+1\frac{5}{6}=$

8. $1\frac{7}{10}+1\frac{3}{20}=$

친구들이 자주 틀리는 문제! 앗! 실수

9. $3\frac{1}{8}+1\frac{7}{12}=$

조심! 가분수로 바꾸어 통분할 때 분자가 커져서 실수하기 쉬워요.

10. $1\frac{4}{7}+2\frac{1}{5}=$

11. $2\frac{9}{11}+3\frac{10}{33}=$

40 대분수를 가분수로 바꾸어 더하는 연습 한 번 더!

목표 시간 4분

대분수를 가분수로 바꾸어 계산하여 기약분수로 나타내세요.

1. $1\frac{5}{6}+1\frac{2}{3}=\frac{\square}{6}+\frac{\square}{3}=\frac{\square}{6}+\frac{\square}{6}=\frac{\square}{6}=\frac{\square}{2}=\square$

   $1\frac{5}{6}=\frac{6+5}{6}$

   계산 결과가 약분이 되면 약분해 줘요.

2. $2\frac{1}{2}+3\frac{7}{10}=$

3. $2\frac{3}{4}+4\frac{1}{3}=$

4. $1\frac{1}{3}+1\frac{6}{7}=$

5. $2\frac{5}{6}+1\frac{5}{9}=$

6. $1\frac{5}{8}+1\frac{7}{12}=$

7. $1\frac{2}{7}+1\frac{9}{14}=$

8. $2\frac{1}{5}+2\frac{17}{20}=$

9. $2\frac{7}{10}+1\frac{8}{15}=$

10. $1\frac{4}{5}+2\frac{2}{7}=$

11. $1\frac{3}{11}+2\frac{1}{3}=$

교과서에서는 대분수의 덧셈을 2가지 방법으로 모두 연습합니다. 40과는 대분수를 가분수로 바꾸어 풀어 보세요.

목표 시간 4분

대분수를 가분수로 바꾸어 계산하여 기약분수로 나타내세요.

가분수로 바꾼 다음 통분하는 과정에서 실수하기 쉬워요. 차근차근 풀어 보세요.

1. $1\frac{1}{3}+2\frac{2}{5}=\frac{\square}{3}+\frac{\square}{5}=\frac{\square}{15}+\frac{\square}{15}=\frac{\square}{15}=\square$

2. $1\frac{4}{5}+3\frac{1}{2}=$

3. $2\frac{4}{7}+1\frac{9}{14}=$

4. $2\frac{3}{4}+2\frac{1}{3}=$

5. $4\frac{1}{2}+1\frac{3}{5}=$

6. $2\frac{2}{5}+2\frac{3}{7}=$

7. $2\frac{1}{4}+1\frac{9}{10}=$

8. $1\frac{5}{12}+2\frac{3}{20}=$

9. $1\frac{2}{9}+3\frac{4}{5}=$

10. $1\frac{5}{6}+2\frac{7}{8}=$

11. $1\frac{11}{18}+1\frac{7}{12}=$

41 받아올림이 있는 분수의 덧셈 집중 연습

목표 시간 3분

두 분모를 보고 최소공배수를 바로 떠올리는 연습을 해 보세요. 속도가 빨라질 거예요~

계산하여 기약분수로 나타내세요.

1. $1\frac{2}{3}+1\frac{5}{9}=$
2. $4\frac{2}{5}+1\frac{7}{10}=$
3. $2\frac{7}{8}+3\frac{5}{16}=$
4. $2\frac{1}{2}+4\frac{13}{22}=$
5. $1\frac{4}{7}+2\frac{10}{21}=$
6. $3\frac{7}{15}+2\frac{17}{30}=$
7. $1\frac{3}{4}+2\frac{4}{7}=$
8. $2\frac{4}{5}+5\frac{5}{6}=$
9. $4\frac{1}{2}+1\frac{6}{11}=$
10. $2\frac{5}{6}+3\frac{4}{9}=$
11. $4\frac{7}{10}+1\frac{8}{15}=$
12. $1\frac{5}{12}+2\frac{19}{20}=$

계산하여 기약분수로 나타내세요.

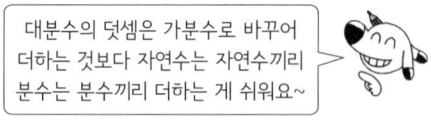

1. $1\frac{6}{7}+5\frac{1}{4}=$

2. $1\frac{2}{3}+2\frac{5}{8}=$

3. $1\frac{7}{10}+1\frac{13}{30}=$

4. $1\frac{5}{8}+1\frac{13}{24}=$

5. $1\frac{9}{10}+2\frac{5}{6}=$

6. $3\frac{8}{9}+2\frac{5}{18}=$

7. $2\frac{1}{6}+1\frac{19}{20}=$

8. $2\frac{7}{8}+1\frac{11}{12}=$

9. $4\frac{13}{15}+1\frac{7}{20}=$

친구들이 자주 틀리는 문제! 앗! 실수

10. $2\frac{7}{12}+1\frac{11}{16}=$

11. $3\frac{3}{4}+1\frac{5}{14}=$

내가 틀린 문제
한 번 더 풀기

□ + □ = □

42 분모가 다른 분수의 덧셈 완벽하게 끝내기

목표 시간 3분

여기까지 오다니 정말 대단해요! 이제 분수의 덧셈을 모아 풀면서 완벽하게 마무리해요!

계산하여 기약분수로 나타내세요.

1. $\frac{5}{9}+\frac{7}{12}=$

2. $\frac{5}{6}+\frac{8}{21}=$

3. $3\frac{2}{9}+2\frac{7}{15}=$

4. $2\frac{5}{12}+1\frac{4}{20}=$

5. $4\frac{9}{10}+1\frac{4}{25}=$

6. $2\frac{9}{16}+2\frac{7}{10}=$

통분이 빠르게 안 되는 문제는 한 번 더 풀어 보세요~

7. $1\frac{5}{18}+2\frac{3}{4}=$

8. $1\frac{13}{14}+4\frac{10}{21}=$

친구들이 자주 틀리는 문제! 앗! 실수

9. $\frac{3}{10}+\frac{7}{18}=$

10. $4\frac{11}{30}+2\frac{3}{4}=$

11. $2\frac{13}{20}+3\frac{23}{30}=$

내가 틀린 문제 한 번 더 풀기

□ + □ = □

빈칸에 알맞은 기약분수를 써넣으세요.

1

$\frac{3}{4}$	$\frac{5}{6}$	
$\frac{1}{8}$		

2

$\frac{3}{8}$	$\frac{7}{12}$	
$\frac{7}{10}$		

3

$1\frac{2}{3}$	$4\frac{1}{4}$	
$1\frac{5}{6}$		

4

$5\frac{3}{4}$	$1\frac{1}{10}$	
$3\frac{9}{14}$		

5

$1\frac{7}{12}$	$3\frac{9}{16}$	
$2\frac{11}{18}$		

43 분모가 다르면 통분한 다음 빼자

목표 시간 3분

계산하여 기약분수로 나타내세요.

분모가 다르면 같게 한 다음 빼 줘요.
계산 결과가 약분이 되면 약분해서
기약분수로 나타내세요~

1. $\frac{2}{3}-\frac{1}{2}=\frac{\boxed{4}}{6}-\frac{\boxed{}}{6}=\frac{\boxed{}}{6}$

분모를 통분해요.

2. $\frac{5}{8}-\frac{1}{4}=\frac{5}{8}-\frac{\boxed{}}{8}=\frac{\boxed{}}{8}$

분모의 최소공배수로 통분하면
수가 간단해져서 계산이 편리해요.

분모의 곱으로 통분하면 약분이 꼭 필요해요.

$\frac{5}{8}-\frac{1}{4}=\frac{20}{32}-\frac{8}{32}=\frac{\cancel{12}^{3}}{\cancel{32}_{8}}=\frac{3}{8}$

3. $\frac{1}{2}-\frac{2}{7}=$

4. $\frac{5}{6}-\frac{5}{9}=$

5. $\frac{3}{4}-\frac{2}{5}=$

6. $\frac{4}{5}-\frac{3}{10}=$

7. $\frac{3}{8}-\frac{1}{6}=$

8. $\frac{9}{10}-\frac{7}{15}=$

9. $\frac{2}{3}-\frac{6}{11}=$

10. $\frac{6}{7}-\frac{5}{14}=$

11. $\frac{4}{9}-\frac{5}{12}=$

12. $\frac{11}{15}-\frac{13}{30}=$

개정된 교육과정에서는 계산 결과를 약분하지 않아도 답으로 인정합니다. 하지만 기약분수로 나타내는 습관을 들이는 게 좋습니다.

목표 시간 3분

계산하여 기약분수로 나타내세요.

1. $\frac{1}{2}-\frac{1}{4}=$

2. $\frac{7}{15}-\frac{1}{3}=$

3. $\frac{7}{9}-\frac{1}{2}=$

4. $\frac{6}{7}-\frac{2}{5}=$

5. $\frac{4}{5}-\frac{3}{8}=$

6. $\frac{25}{28}-\frac{9}{14}=$

7. $\frac{2}{3}-\frac{2}{9}=$

8. $\frac{4}{9}-\frac{1}{6}=$

9. $\frac{5}{12}-\frac{3}{8}=$

10. $\frac{8}{9}-\frac{11}{15}=$

11. $\frac{5}{6}-\frac{3}{10}=$

12. $\frac{13}{20}-\frac{5}{12}=$

44 통분한 다음 자연수끼리, 분수끼리 빼자

목표 시간 3분

자연수끼리, 분수끼리 계산하여 기약분수로 나타내세요.

❶ $5\frac{1}{2}-2\frac{3}{8}=5\frac{\square}{8}-2\frac{3}{8}=(5-2)+(\frac{\square}{8}-\frac{3}{8})=3\frac{\square}{8}$

❶ 분모를 통분해요. ❷ 자연수끼리, 분수끼리 빼요.

❷ $4\frac{2}{3}-3\frac{1}{2}=4\frac{\square}{6}-3\frac{\square}{6}=(4-3)+(\frac{\square}{6}-\frac{\square}{6})=1\frac{\square}{6}$

❸ $2\frac{3}{5}-1\frac{1}{4}=$ _____

❹ $6\frac{1}{8}-4\frac{1}{9}=$ _____

❺ $3\frac{6}{7}-1\frac{11}{14}=$ _____

❻ $5\frac{7}{8}-3\frac{5}{6}=$ _____

❼ $4\frac{5}{9}-1\frac{5}{12}=$ _____

자연수끼리, 분수끼리 계산하여 기약분수로 나타내세요.

1. $8\frac{1}{2}-5\frac{1}{4}=8\frac{\square}{4}-5\frac{\square}{4}=\square$

2. $5\frac{3}{4}-2\frac{2}{3}=$

3. $4\frac{5}{6}-1\frac{5}{12}=$

4. $6\frac{5}{8}-3\frac{2}{5}=$

5. $5\frac{5}{6}-1\frac{3}{8}=$

6. $6\frac{7}{10}-2\frac{12}{25}=$

7. $3\frac{4}{7}-1\frac{7}{21}=$

8. $8\frac{7}{15}-4\frac{4}{9}=$

9. $4\frac{11}{18}-2\frac{5}{12}=$

10. $7\frac{5}{6}-5\frac{7}{18}=$

11. $4\frac{7}{12}-2\frac{13}{36}=$

12. $5\frac{9}{10}-1\frac{11}{15}=$

45 자연수 부분에서 1만큼을 가분수로 바꾸어 빼자

목표 시간 3분

통분을 해도 분자끼리 뺄 수 없으면 자연수 부분에서 1만큼을 가분수로 바꾸어 풀어요.

자연수끼리, 분수끼리 계산하여 기약분수로 나타내세요.

❶ 분모를 통분해요.

❶ $7\frac{1}{2}-2\frac{2}{3}=7\frac{3}{6}-2\frac{\square}{6}=6\frac{9}{6}-2\frac{\square}{6}=(6-2)+(\frac{\square}{6}-\frac{\square}{6})=\square$

❷ 자연수 부분에서 1만큼을 가분수로 바꿔요.

❸ 자연수끼리, 분수끼리 빼요.

❷ $6\frac{1}{4}-3\frac{5}{8}=6\frac{\square}{8}-3\frac{5}{8}=5\frac{\square}{8}-3\frac{5}{8}=(5-3)+(\frac{\square}{8}-\frac{5}{8})=\square$

❸ $7\frac{1}{3}-4\frac{3}{5}=$ _____

❹ $5\frac{1}{2}-3\frac{4}{5}=$ _____

❺ $3\frac{4}{11}-1\frac{13}{22}=$ _____

❻ $6\frac{3}{10}-5\frac{5}{6}=$ _____

❼ $4\frac{3}{8}-2\frac{7}{12}=$ _____

자연수끼리, 분수끼리 계산하여 기약분수로 나타내세요.

1 $3\frac{1}{2}-2\frac{3}{5}=3\frac{\square}{10}-2\frac{\square}{10}=2\frac{\square}{10}-2\frac{\square}{10}=\frac{\square}{10}$

2 $4\frac{1}{5}-2\frac{3}{4}=$

3 $5\frac{1}{2}-1\frac{5}{8}=$

4 $9\frac{1}{3}-3\frac{6}{7}=$

5 $4\frac{1}{10}-2\frac{2}{3}=$

6 $3\frac{1}{8}-1\frac{5}{9}=$

7 $7\frac{1}{6}-2\frac{3}{8}=$

8 $8\frac{1}{9}-4\frac{5}{6}=$

9 $6\frac{2}{5}-3\frac{7}{15}=$

10 $5\frac{1}{4}-2\frac{3}{10}=$

11 $7\frac{2}{15}-4\frac{7}{12}=$

46 대분수를 가분수로 바꾸어 빼는 연습도 필요해

목표 시간 3분

대분수를 가분수로 바꾸어 계산하여 기약분수로 나타내세요.

이번에는 대분수를 가분수로 바꾸어 빼는 연습을 해 봐요.

❶ $5\frac{1}{2}-4\frac{1}{3}=\frac{\square}{2}-\frac{\square}{3}=\frac{\square}{6}-\frac{\square}{6}=\frac{\square}{6}=\square$

❶ 가분수로 바꿔요. ❷ 분모를 통분해요. ❸ 대분수로 나타내요.

❷ $2\frac{5}{9}-1\frac{1}{6}=\frac{\square}{9}-\frac{\square}{6}=\frac{\square}{18}-\frac{\square}{18}=\frac{\square}{18}=\square$

❸ $4\frac{3}{5}-1\frac{1}{2}=$ _____

❹ $5\frac{2}{3}-2\frac{1}{4}=$ _____

❺ $4\frac{3}{4}-3\frac{7}{12}=$ _____

❻ $6\frac{1}{3}-2\frac{3}{7}=$ _____

❼ $3\frac{1}{6}-1\frac{3}{10}=$ _____

교과서에서는 분수의 뺄셈을 2가지 방법으로 모두 연습합니다. 46과는 대분수를 가분수로 바꾸어 풀어 보세요.

목표 시간 4분

대분수를 가분수로 바꾸어 계산하여 기약분수로 나타내세요.

1 $6\frac{3}{4}-2\frac{1}{2}=\frac{\square}{4}-\frac{\square}{2}=\frac{\square}{4}-\frac{\square}{4}=\frac{\square}{4}=\square$

2가지 방법을 모두 연습하면 그때그때 내가 편한 방법으로 풀 수 있겠죠?

2 $4\frac{1}{3}-2\frac{2}{7}=$

3 $3\frac{1}{4}-1\frac{1}{6}=$

4 $2\frac{2}{3}-1\frac{3}{5}=$

5 $5\frac{5}{12}-2\frac{3}{4}=$

6 $4\frac{4}{15}-1\frac{2}{3}=$

7 $3\frac{2}{9}-1\frac{5}{18}=$

8 $4\frac{1}{2}-2\frac{9}{14}=$

9 $2\frac{7}{8}-1\frac{5}{12}=$

친구들이 자주 틀리는 문제! 앗! 실수

10 $4\frac{1}{6}-1\frac{3}{8}=$

조심! 가분수로 바꾸어 통분할 때 분자가 커져서 실수하기 쉬워요.

11 $3\frac{3}{10}-2\frac{12}{25}=$

47 대분수를 가분수로 바꾸어 빼는 연습 한 번 더!

목표 시간 4분

대분수를 가분수로 바꾸어 계산하여 기약분수로 나타내세요.

가분수로 바꾼 다음 통분하는 과정에서 실수하기 쉬워요. 차근차근 풀어 보세요.

1. $4\frac{3}{8}-2\frac{1}{4}=\frac{\square}{8}-\frac{\square}{4}=\frac{\square}{8}-\frac{\square}{8}=\frac{\square}{8}=\square$

$4\frac{3}{8}=\frac{32+3}{8}$

2. $3\frac{1}{5}-1\frac{1}{2}=$

3. $6\frac{1}{2}-2\frac{5}{7}=$

4. $2\frac{5}{6}-1\frac{3}{8}=$

5. $4\frac{5}{14}-3\frac{1}{7}=$

6. $3\frac{4}{7}-1\frac{3}{4}=$

7. $2\frac{3}{5}-1\frac{5}{6}=$

8. $5\frac{3}{4}-2\frac{3}{10}=$

9. $3\frac{1}{10}-1\frac{4}{15}=$

10. $2\frac{4}{27}-1\frac{2}{3}=$

11. $3\frac{7}{11}-2\frac{1}{4}=$

교과서에서는 대분수의 뺄셈을 2가지 방법으로 모두 연습합니다. 47과는 대분수를 가분수로 바꾸어 풀어 보세요.

목표 시간 4분

대분수를 가분수로 바꾸어 계산하여 기약분수로 나타내세요.

1 $3\frac{1}{6}-1\frac{1}{2}=\frac{\square}{6}-\frac{\square}{2}=\frac{\square}{6}-\frac{\square}{6}=\frac{\square}{6}=\frac{\square}{3}=\square$

2 $5\frac{1}{3}-2\frac{3}{4}=$

3 $2\frac{2}{5}-1\frac{2}{3}=$

4 $3\frac{5}{9}-1\frac{7}{12}=$

5 $4\frac{11}{18}-1\frac{5}{6}=$

6 $3\frac{3}{8}-1\frac{7}{10}=$

7 $4\frac{3}{10}-1\frac{4}{5}=$

8 $2\frac{5}{7}-1\frac{7}{8}=$

9 $6\frac{3}{14}-4\frac{6}{7}=$

10 $3\frac{3}{8}-2\frac{5}{12}=$

11 $4\frac{1}{6}-2\frac{5}{16}=$

48 받아내림이 있는 분수의 뺄셈 집중 연습

목표 시간 4분

두 분모를 보고 최소공배수를 바로 떠올리는 연습을 해 보세요. 속도가 빨라질 거예요~

계산하여 기약분수로 나타내세요.

1. $5\frac{2}{3}-1\frac{3}{4}=$
2. $7\frac{2}{5}-5\frac{9}{10}=$
3. $6\frac{1}{2}-3\frac{5}{7}=$
4. $4\frac{5}{8}-2\frac{2}{3}=$
5. $3\frac{1}{4}-1\frac{5}{16}=$
6. $7\frac{3}{5}-3\frac{7}{10}=$
7. $3\frac{5}{6}-2\frac{8}{9}=$
8. $4\frac{3}{8}-1\frac{5}{6}=$
9. $5\frac{1}{3}-3\frac{8}{11}=$
10. $6\frac{2}{13}-2\frac{5}{26}=$
11. $2\frac{2}{9}-1\frac{7}{15}=$
12. $6\frac{5}{12}-3\frac{11}{20}=$

계산하여 기약분수로 나타내세요.

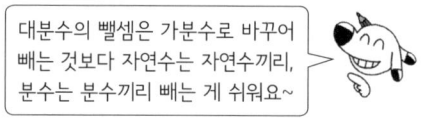

1. $3\frac{2}{5}-1\frac{2}{3}=$

2. $6\frac{1}{4}-3\frac{5}{7}=$

3. $8\frac{1}{2}-5\frac{8}{13}=$

4. $7\frac{3}{8}-1\frac{3}{5}=$

5. $3\frac{5}{12}-2\frac{4}{9}=$

6. $9\frac{3}{10}-4\frac{7}{8}=$

7. $8\frac{4}{9}-4\frac{7}{15}=$

8. $7\frac{3}{8}-3\frac{9}{14}=$

9. $5\frac{5}{12}-4\frac{7}{10}=$

친구들이 자주 틀리는 문제! 앗! 실수

10. $6\frac{7}{15}-2\frac{13}{20}=$

11. $8\frac{5}{16}-3\frac{11}{24}=$

내가 틀린 문제 한 번 더 풀기

$\square-\square=\square$

49 분모가 다른 분수의 뺄셈 완벽하게 끝내기

목표 시간 4분

여기까지 오다니 정말 대단해요! 이제 분수의 뺄셈을 모아 풀면서 완벽하게 마무리해요!

계산하여 기약분수로 나타내세요.

1. $\frac{4}{15}-\frac{1}{6}=$

2. $\frac{11}{16}-\frac{7}{12}=$

3. $3\frac{17}{21}-1\frac{2}{3}=$

4. $9\frac{1}{6}-5\frac{7}{20}=$

5. $5\frac{9}{14}-2\frac{3}{4}=$

6. $6\frac{8}{15}-3\frac{7}{10}=$

통분이 빠르게 안 되는 문제는 한 번 더 풀어 보세요~

7. $6\frac{3}{10}-3\frac{9}{25}=$

8. $7\frac{9}{14}-4\frac{16}{21}=$

친구들이 자주 틀리는 문제! 앗! 실수

9. $\frac{9}{20}-\frac{5}{12}=$

10. $5\frac{3}{8}-1\frac{21}{28}=$

11. $8\frac{4}{15}-4\frac{7}{18}=$

내가 틀린 문제 한 번 더 풀기

□ − □ = □

빈칸에 알맞은 기약분수를 써넣으세요.

1

$\frac{7}{8}$	$\frac{1}{6}$	
$\frac{5}{7}$		

2

$5\frac{2}{3}$	$2\frac{1}{4}$	
$3\frac{2}{7}$		

3

$4\frac{1}{6}$	$1\frac{5}{21}$	
$3\frac{4}{5}$		

4

$4\frac{2}{5}$	$2\frac{5}{6}$	
$3\frac{7}{15}$		

5

$7\frac{3}{10}$	$6\frac{3}{4}$	
$4\frac{5}{6}$		

50 생활 속 연산 — 분수의 덧셈과 뺄셈

목표 시간 3분

그림을 보고 □ 안에 알맞은 수를 써넣으세요.

1

윤서는 줄넘기를 어제는 $\frac{2}{3}$시간, 오늘은 $\frac{5}{9}$시간 했습니다. 윤서가 어제와 오늘 줄넘기를 한 시간은 모두 □ 시간입니다.

계산 결과가 가분수이면 대분수로 바꾸어 나타내요.

2

빵 만드는 재료	
밀가루	$4\frac{1}{4}$ kg
설탕	$1\frac{3}{10}$ kg

진우가 맛있는 빵을 만들고 있습니다. 빵을 만드는 데 사용한 밀가루와 설탕의 무게는 모두 □ kg입니다.

3

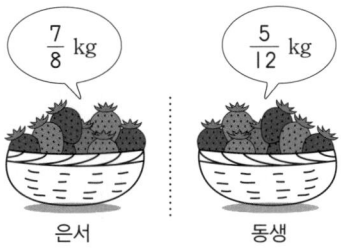

딸기 농장에서 딸기를 은서는 $\frac{7}{8}$ kg을 땄고, 동생은 $\frac{5}{12}$ kg 땄습니다. 은서는 동생보다 □ kg 더 많이 땄습니다.

4

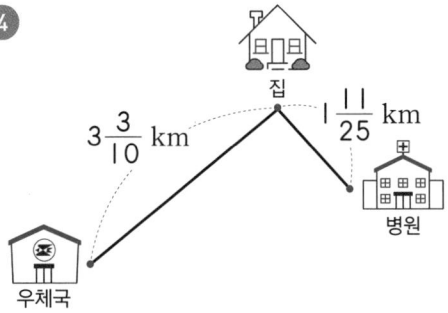

집에서 우체국까지의 거리는 집에서 병원까지의 거리보다 □ km 더 가깝습니다.

동물들이 사다리 타기 게임을 하고 있습니다. 분수의 계산을 하고 사다리를 타고 내려가서 도착한 곳에 기약분수로 써넣으세요.

선을 따라 아래로 내려가다가 가로 선을 만나면 옆으로, 다시 세로 선을 만나면 아래로 내려가세요!

$2\frac{5}{6}+1\frac{7}{12}$

$1\frac{2}{3}+3\frac{1}{4}$

$7\frac{5}{6}-2\frac{3}{4}$

$6\frac{3}{8}-1\frac{7}{12}$

1 2 3 4

넷째 마당까지 다 풀었네~ 정말 대단해!

다섯째 마당 다각형의 둘레와 넓이

교과서 6. 다각형의 둘레와 넓이

51 정다각형의 둘레는 한 변의 길이와 변의 수의 곱

52 사각형의 둘레는 두 변의 길이의 합의 2배

53 직사각형의 넓이는 두 변의 길이의 곱

54 평행사변형의 넓이는 밑변과 높이의 곱

55 삼각형의 넓이는 밑변과 높이의 곱의 반

56 마름모의 넓이는 두 대각선의 길이의 곱의 반

57 사다리꼴의 넓이는 두 변과 높이를 먼저 찾자

58 생활 속 연산 — 다각형의 둘레와 넓이

바빠 개념 쏙쏙!

다각형의 둘레와 넓이를 구하는 공식은 꼭 외워야 해요!

✪ 다각형의 둘레와 넓이

직사각형

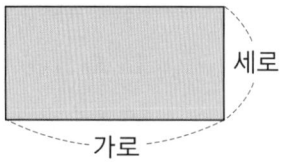

사물의 가장자리를 한 바퀴 돈 거리

(둘레)=((가로)+(세로))×2
(넓이)=(가로)×(세로)

평면의 크기예요.

평행사변형

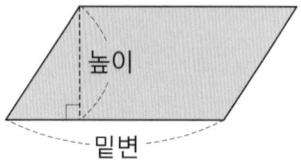

(둘레)=((한 변의 길이)
+(다른 한 변의 길이))×2
(넓이)=(밑변의 길이)×(높이)

두 밑변 사이의 거리예요.

마름모

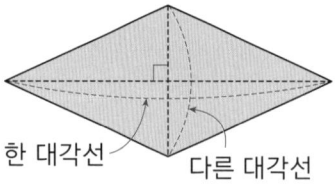

(둘레)=(한 변의 길이)×4
(넓이)=(한 대각선의 길이)
×(다른 대각선의 길이)÷2

삼각형

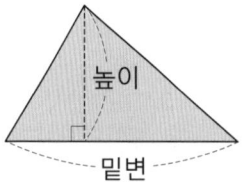

(넓이)=(밑변의 길이)×(높이)÷2

사다리꼴

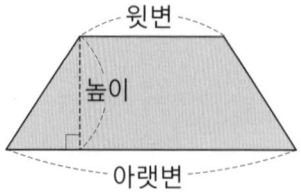

(넓이)
=((윗변의 길이)+(아랫변의 길이))
×(높이)÷2

※ 개정된 5학년 교육과정에서는 중괄호 { }를 사용하지 않아, 소괄호를 두 번 사용했습니다.

51 정다각형의 둘레는 한 변의 길이와 변의 수의 곱

목표 시간 2분

정다각형의 둘레를 구하세요.

변의 길이와 각의 크기가 모두 같은 다각형이에요.

1

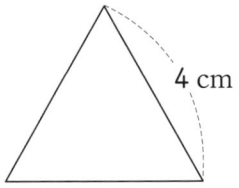

4 cm인 변이 3개니까
둘레는 4+4+4=12
곱셈식으로 4×3=12!

4 × 3 = ☐ (cm)

2

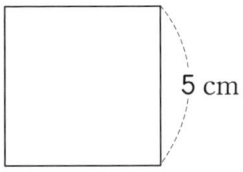

(정다각형의 둘레)
=(한 변의 길이)×(변의 수)예요.

5 × ☐ = ☐ (cm)

변의 개수를 세어 봐요~

3

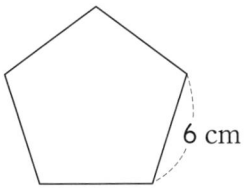

☐ × 5 = ☐ (cm)

4

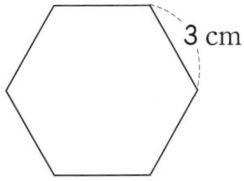

☐ × ☐ = ☐ (cm)

3+3+3+3+3+3으로 계산할 수도
있지만 곱셈식이 더 간단하겠죠?

5

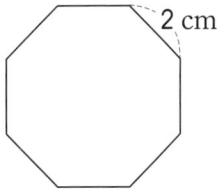

☐ × ☐ = ☐ (cm)

6

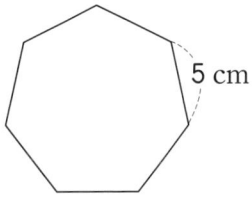

☐ × ☐ = ☐ (cm)

7

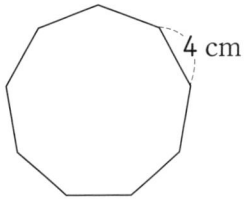

☐ × ☐ = ☐ (cm)

우린 모두 정씨야.
이름 앞에 '정'이 붙거든~

다음은 정다각형의 둘레입니다. 정다각형의 한 변의 길이를 구하세요.

1

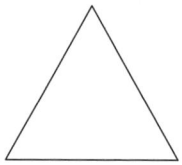

둘레: 15 cm

15 ÷ 3 = □ (cm)

정삼각형의 둘레 ↓ 변의 수 ↓
15=(한 변의 길이)×3에서
(한 변의 길이)=15÷3=5예요.

2

둘레: 12 cm

12 ÷ □ = □ (cm)

먼저 변의 수를 세어 봐요.

(정다각형의 한 변의 길이)
=(둘레)÷(변의 수)로
구하면 돼요~

3

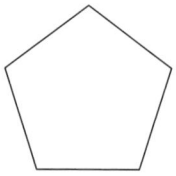

둘레: 30 cm

30 ÷ □ = □ (cm)

4

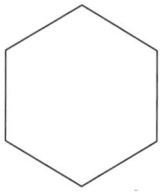

둘레: 24 cm

□ ÷ □ = □ (cm)

5

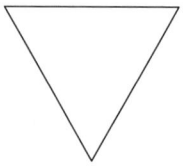

둘레: 27 cm

□ ÷ □ = □ (cm)

6

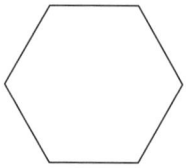

둘레: 48 cm

□ ÷ □ = □ (cm)

7

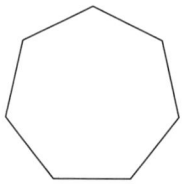

둘레: 28 cm

□ ÷ □ = □ (cm)

8

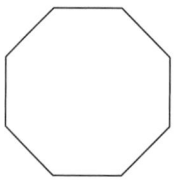

둘레: 40 cm

□ ÷ □ = □ (cm)

52 사각형의 둘레는 두 변의 길이의 합의 2배

목표 시간 2분

직사각형과 평행사변형의 둘레를 구하세요.

공통점: 마주 보는 변의 길이가 같아요.

(평행사변형의 둘레)
=((한 변의 길이)+(다른 한 변의 길이))×2

1

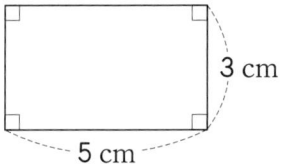

5 cm인 변이 2개,
3 cm인 변이 2개니까 둘레는
덧셈식으로 5+3+5+3=16
곱셈식으로 (5+3)×2=16!

(5+ 3)×2= ☐ (cm)

가로 세로

5

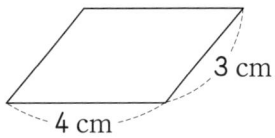

한 변의 길이

(4+ 3)×2= ☐ (cm)

다른 한 변의 길이

2

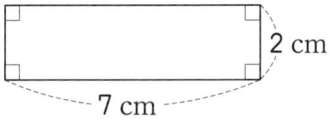

(직사각형의 둘레)
=((가로)+(세로))×2로
기억해요.

(7+ ☐)×2= ☐ (cm)

6

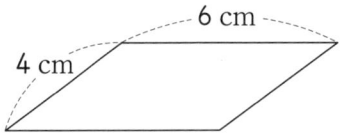

(6+ ☐)×2= ☐ (cm)

3

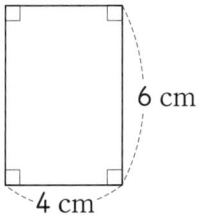

(☐ +6)×2= ☐ (cm)

7

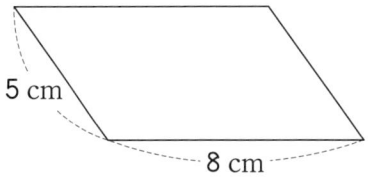

(☐ + ☐)×2= ☐ (cm)

4

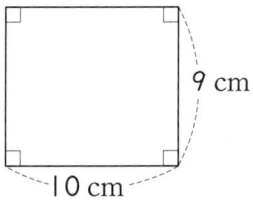

(☐ + ☐)×2= ☐ (cm)

8

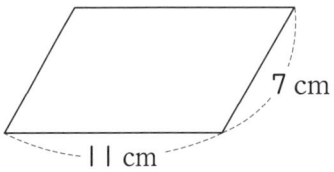

(☐ + ☐)×2= ☐ (cm)

정사각형과 마름모의 둘레를 구하세요.

공통점: 네 변의 길이가 모두 같아요.

(정사각형의 둘레)=(한 변의 길이)×4
(마름모의 둘레)=(한 변의 길이)×4

1

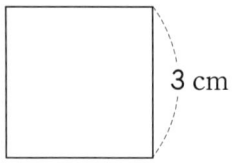

$3 \times \boxed{4} = \boxed{}$ (cm)

정사각형의 둘레는 앞에서도 배웠죠? 3 cm인 변이 4개니까 둘레는 3×4=12 (cm)

2

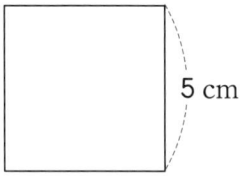

$5 \times \boxed{} = \boxed{}$ (cm)

3

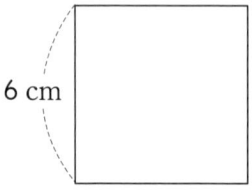

$\boxed{} \times \boxed{} = \boxed{}$ (cm)

4

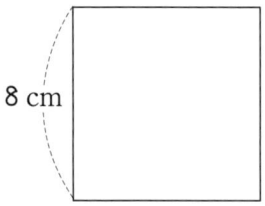

$\boxed{} \times \boxed{} = \boxed{}$ (cm)

5

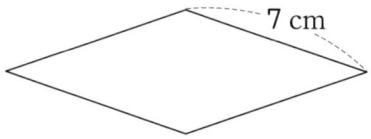

$7 \times \boxed{4} = \boxed{}$ (cm)

6

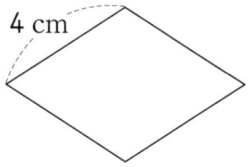

$4 \times \boxed{} = \boxed{}$ (cm)

7

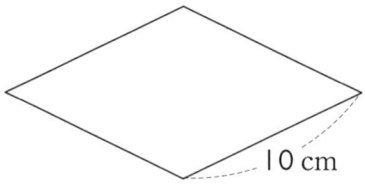

$\boxed{} \times \boxed{} = \boxed{}$ (cm)

8

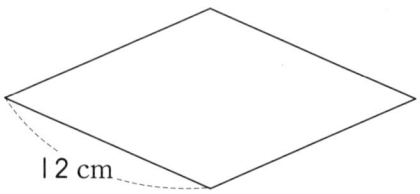

$\boxed{} \times \boxed{} = \boxed{}$ (cm)

53 직사각형의 넓이는 두 변의 길이의 곱

목표 시간 2분

직사각형과 정사각형의 넓이를 구하세요.

1

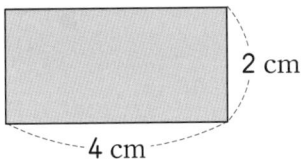

(직사각형의 넓이)
=(가로)×(세로)

$4 \times \boxed{2} = \boxed{}$ (cm²)

가로 세로

넓이를 나타내는 단위예요.
'제곱센티미터'라고 읽어요.

2

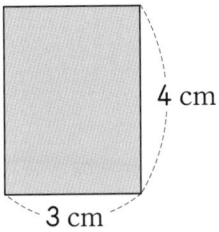

$3 \times \boxed{} = \boxed{}$ (cm²)

3

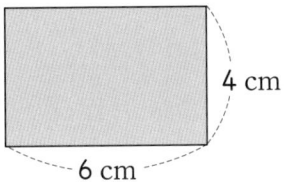

$\boxed{} \times 4 = \boxed{}$ (cm²)

4

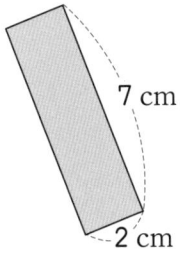

$\boxed{} \times \boxed{} = \boxed{}$ (cm²)

5

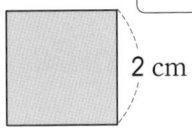

(정사각형의 넓이)
=(한 변의 길이)×(한 변의 길이)

$2 \times \boxed{2} = \boxed{}$ (cm²)

6

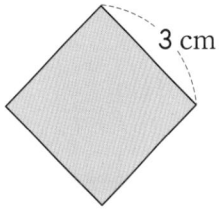

$\boxed{} \times \boxed{} = \boxed{}$ (cm²)

7

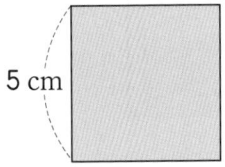

$\boxed{} \times \boxed{} = \boxed{}$ (cm²)

8

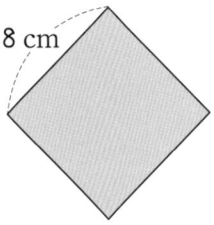

$\boxed{} \times \boxed{} = \boxed{}$ (cm²)

직사각형과 정사각형의 넓이를 구하세요.

단위가 cm인 변을 2개 곱하니까 cm 단위 위에 2를 붙여준다고 기억해요.

1

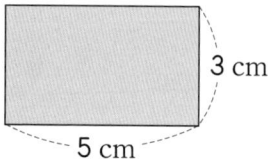

(cm^2)

넓이의 단위를 꼭 써 주세요~

2

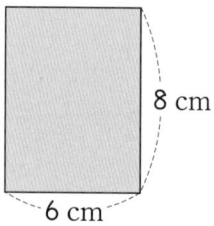

( )

3

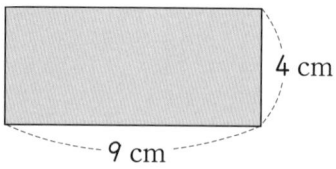

( )

4

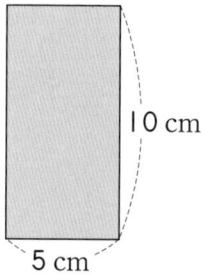

( )

5

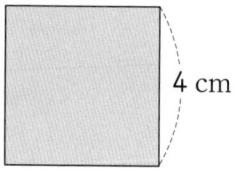

( )

6

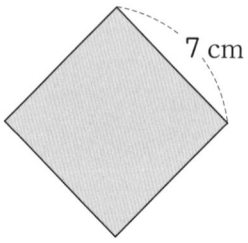

( )

7

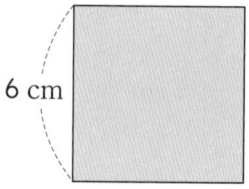

( )

8

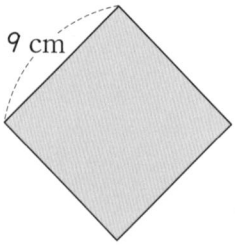

( )

54 평행사변형의 넓이는 밑변과 높이의 곱

목표 시간 2분

평행사변형의 넓이를 구하세요.

(평행사변형의 넓이)
=(밑변의 길이)×(높이)

1

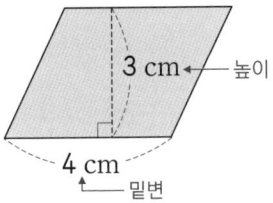

4 × 3 = □ (cm²)

밑변 높이

평행한 두 변이 밑변, 두 밑변 사이의 거리가 높이예요.

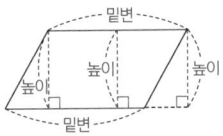

2

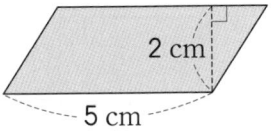

5 × □ = □ (cm²)

3

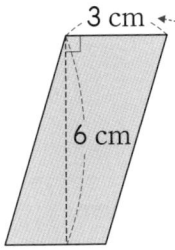

위에 있는 변이지만 이것도 밑변이에요.

□ × 6 = □ (cm²)

4

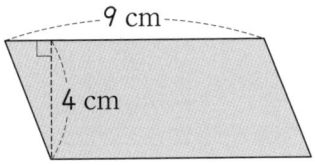

□ × □ = □ (cm²)

5

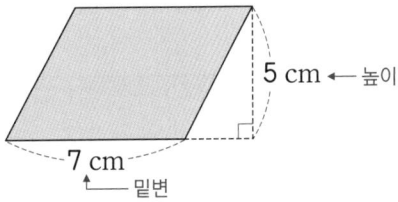

□ × □ = □ (cm²)

6

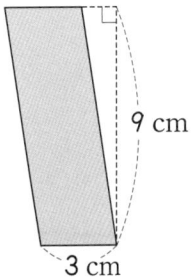

□ × □ = □ (cm²)

7

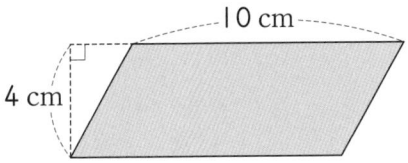

□ × □ = □ (cm²)

8

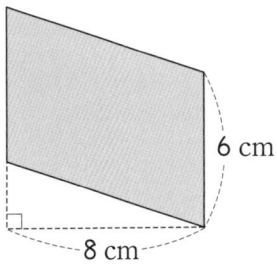

□ × □ = □ (cm²)

평행사변형의 넓이를 구하세요.

1

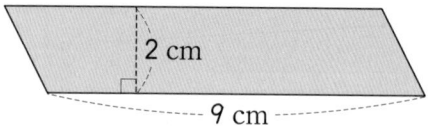

(cm²)

넓이의 단위를 꼭 써 주세요~

2

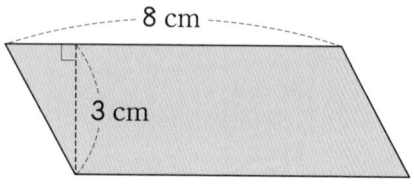

( )

3

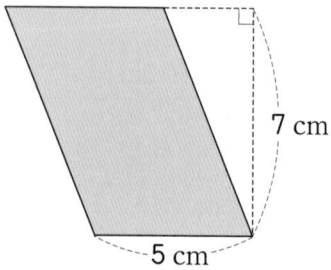

( )

4

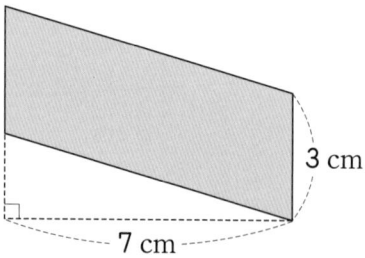

( )

5

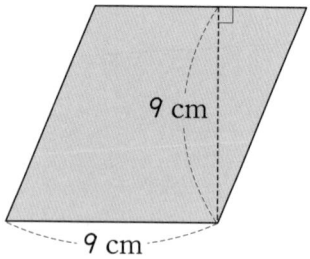

( )

6

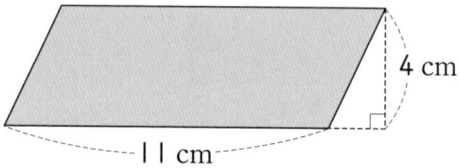

( )

7

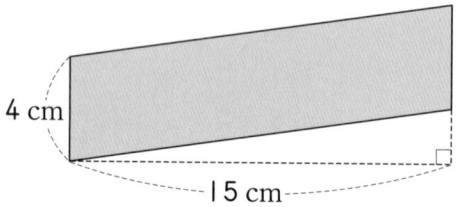

( )

8

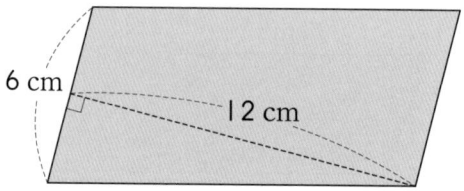

( )

55 삼각형의 넓이는 밑변과 높이의 곱의 반

목표 시간 2분

삼각형의 넓이를 구하세요.

(삼각형의 넓이)
=(밑변의 길이)×(높이)÷2

1

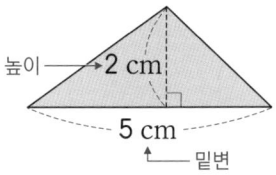

$5 \times \boxed{2} \div 2 = \boxed{}$ (cm²)

밑변 높이

밑변과 마주 보는 꼭짓점에서 밑변에 수직으로 그은 선분이 높이예요.

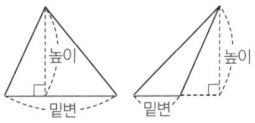

2

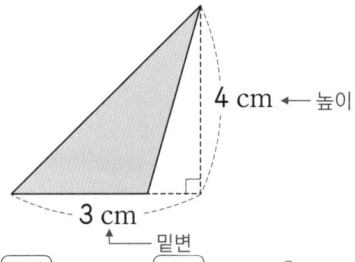

$3 \times \boxed{} \div 2 = \boxed{}$ (cm²)

3

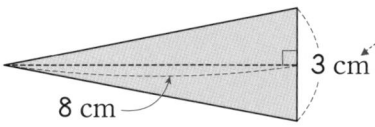

옆으로 누웠지만 높이 아래 있는 변이 삼각형의 밑변이에요~

$\boxed{} \times 8 \div 2 = \boxed{}$ (cm²)

4

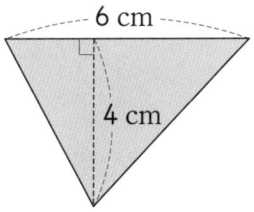

$\boxed{} \times \boxed{} \div 2 = \boxed{}$ (cm²)

5

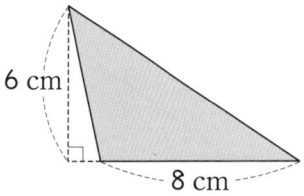

$\boxed{} \times \boxed{} \div 2 = \boxed{}$ (cm²)

6

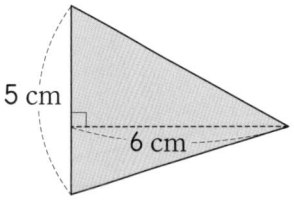

$\boxed{} \times \boxed{} \div 2 = \boxed{}$ (cm²)

7

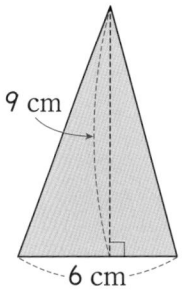

$\boxed{} \times \boxed{} \div 2 = \boxed{}$ (cm²)

8

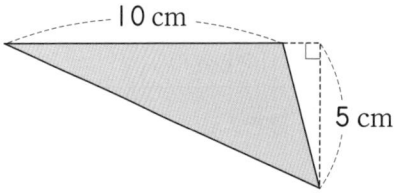

$\boxed{} \times \boxed{} \div 2 = \boxed{}$ (cm²)

삼각형의 넓이를 구하세요.

1

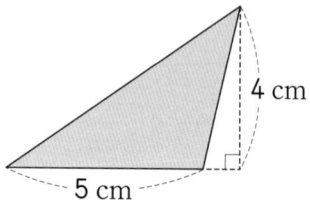

(cm^2)

넓이의 단위를 꼭 써 주세요~

2

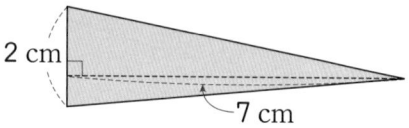

( )

3

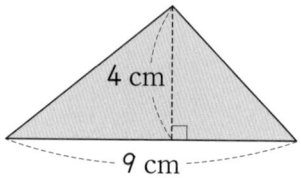

( )

4

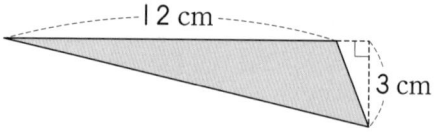

( )

5

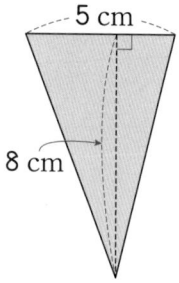

( )

6

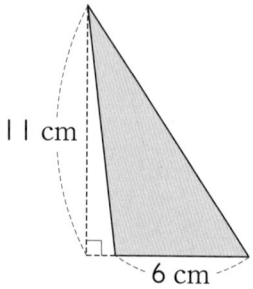

( )

7

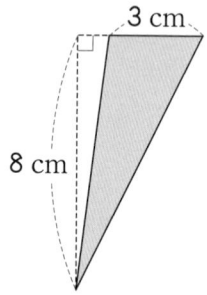

( )

8

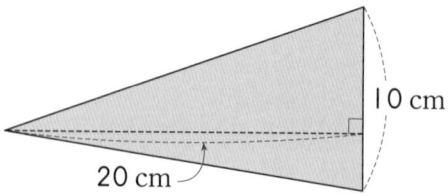

( )

56 마름모의 넓이는 두 대각선의 길이의 곱의 반

목표 시간 2분

마름모의 넓이를 구하세요.

(마름모의 넓이)
=(한 대각선의 길이)×(다른 대각선의 길이)÷2

1

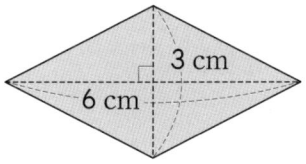

두 대각선의 길이를 곱한 다음 2로 나눈 것과 같아요.

한 대각선의 길이

6×□÷2=□ (cm^2)

다른 대각선의 길이

2

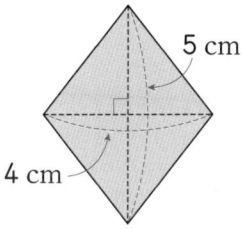

4×□÷2=□ (cm^2)

3

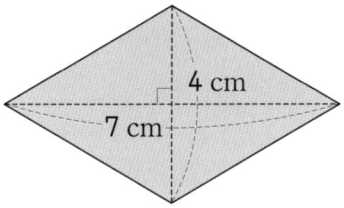

□×4÷2=□ (cm^2)

4

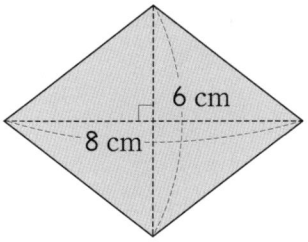

□×□÷2=□ (cm^2)

5

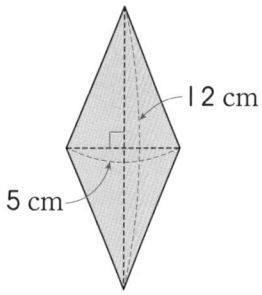

□×□÷2=□ (cm^2)

6

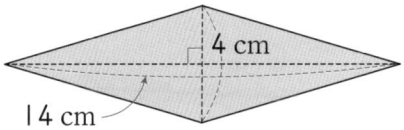

□×□÷2=□ (cm^2)

7

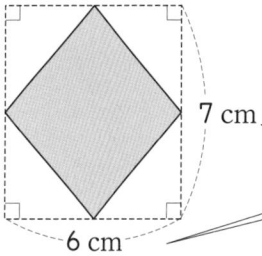

직사각형의 가로와 세로는 두 대각선의 길이와 같아요.

□×□÷2=□ (cm^2)

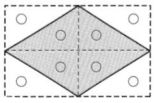

아하! 마름모의 넓이는 마름모를 둘러싼 직사각형의 넓이의 반이구나!

마름모의 넓이를 구하세요.

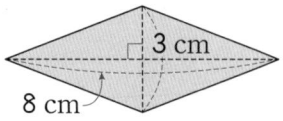

(cm²)

넓이의 단위를 꼭 써 주세요~

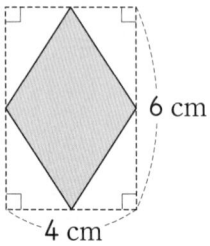

( )

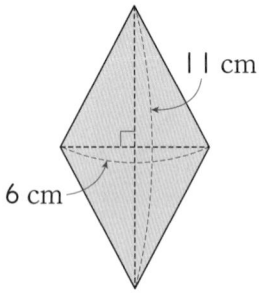

( )

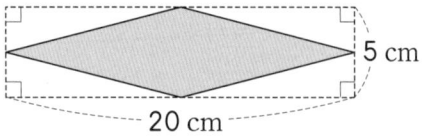

( )

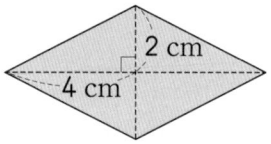

잠깐! 두 대각선의 길이는 8 cm, 4 cm예요.

( )

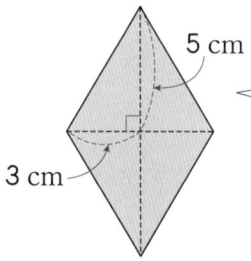

두 대각선의 길이를 먼저 구해 봐요.

( )

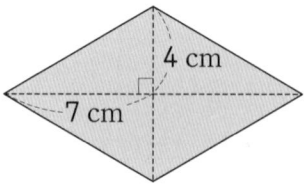

( )

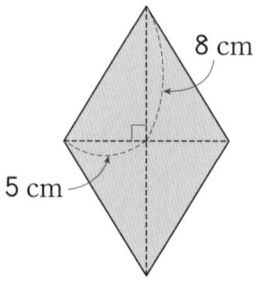

( )

57 사다리꼴의 넓이는 두 변과 높이를 먼저 찾자

목표 시간 2분

사다리꼴의 넓이를 구하세요.

(사다리꼴의 넓이)
=((윗변의 길이)+(아랫변의 길이))×(높이)÷2

윗변과 아랫변의 길이를 먼저 더한 다음, 높이를 곱하고 2로 나눠요.

1

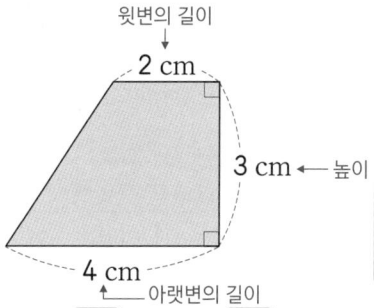

$(2+4)\times\boxed{3}\div 2=\boxed{}$ (cm²)

윗변 밑변 높이

2

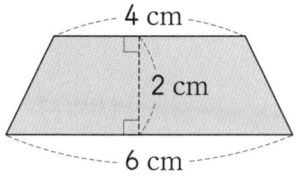

$(4+6)\times\boxed{}\div 2=\boxed{}$ (cm²)

3

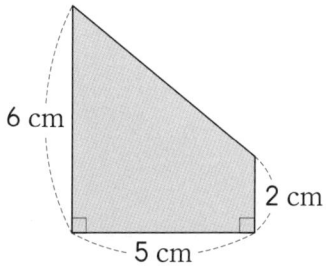

$(6+\boxed{})\times 5\div 2=\boxed{}$ (cm²)

4

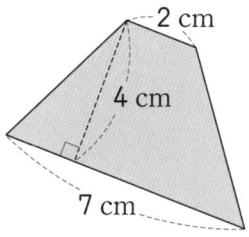

$(2+\boxed{})\times\boxed{}\div 2=\boxed{}$ (cm²)

5

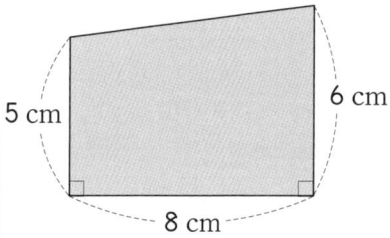

$(5+\boxed{})\times\boxed{}\div 2=\boxed{}$ (cm²)

6

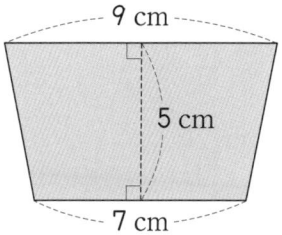

$(9+\boxed{})\times\boxed{}\div 2=\boxed{}$ (cm²)

7

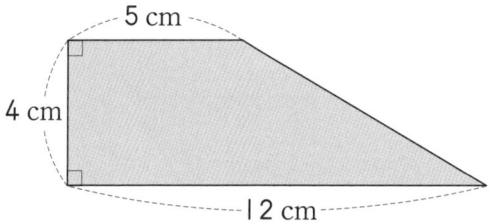

$(5+\boxed{})\times\boxed{}\div 2=\boxed{}$ (cm²)

8

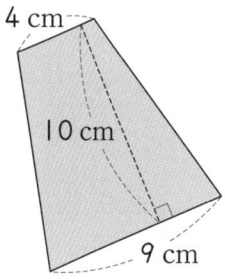

$(4+\boxed{})\times\boxed{}\div 2=\boxed{}$ (cm²)

사다리꼴의 넓이를 구하세요.

1

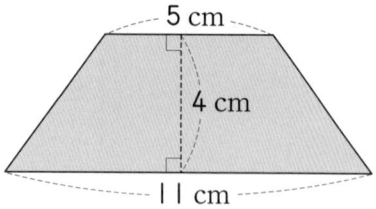

(cm²)

넓이의 단위를 꼭 써주세요~

2

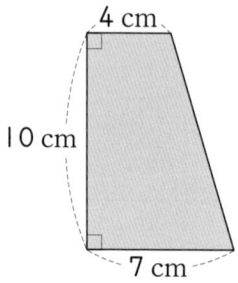

( )

3

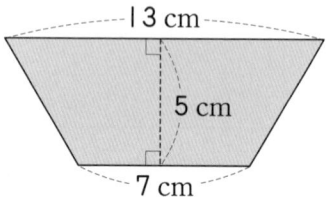

( )

4

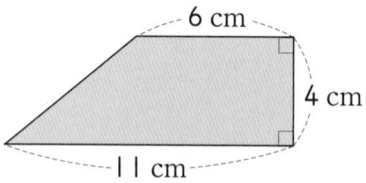

( )

5

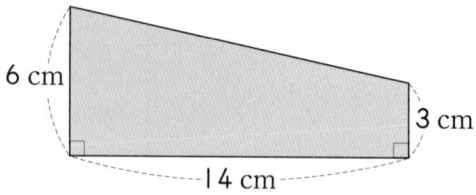

( )

6

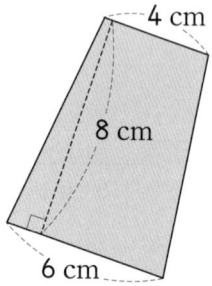

( )

7

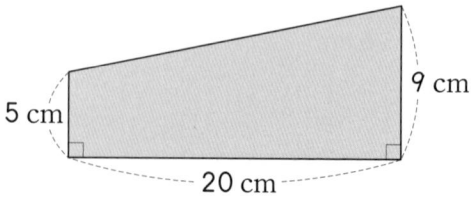

( )

8

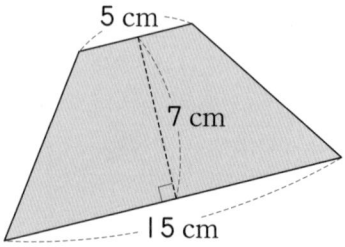

( )

58 생활 속 연산 — 다각형의 둘레와 넓이

목표 시간 3분

그림을 보고 □ 안에 알맞은 수를 써넣으세요.

1

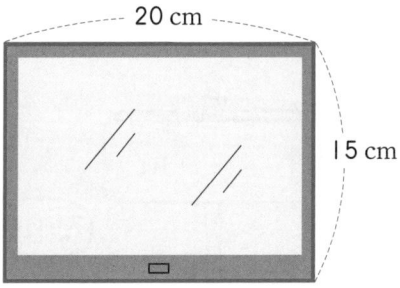

가로가 20 cm, 세로가 15 cm인 직사각형 모양의 태블릿이 있습니다. 이 태블릿의 둘레는 □ cm입니다.

2

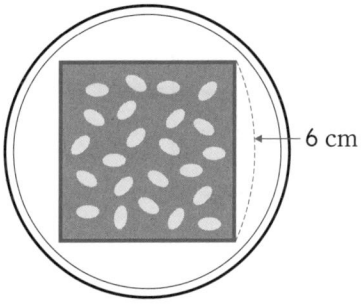

방금 쪄낸 따끈따끈한 시루떡을 한 변의 길이가 6 cm인 정사각형 모양으로 잘라 접시에 담았습니다. 자른 시루떡의 넓이는 □ cm^2입니다.

3

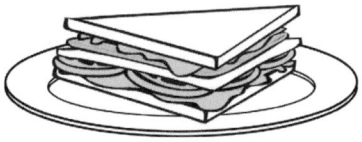

삼각형 모양의 샌드위치를 만들려고 합니다. 식빵을 밑변의 길이가 12 cm, 높이가 5 cm인 삼각형 모양으로 잘랐습니다. 자른 식빵의 넓이는 □ cm^2입니다.

4

학교 동요 대회가 열린 무대는 윗변의 길이가 8 m, 아랫변의 길이가 14 m, 높이가 10 m인 사다리꼴 모양입니다. 이 무대의 넓이는 □ cm^2입니다.

동물들이 주말농장에서 밭을 가꾸고 있습니다. 각 밭의 넓이를 빈칸에 써넣고, 가장 큰 밭을 가꾸는 동물에 ◯표 하세요.

바쁜 5학년을 위한

빠른 교과서 연산

5-1 정답

스마트폰으로도 정답을 확인할 수 있어요!

① 정답을 확인한 후 틀린 문제는 ☆표를 쳐 놓으세요~
② 그런 다음 연습장에 틀린 문제를 옮겨 적으세요.
③ 그리고 그 문제들만 한 번 더 풀어 보세요.

시간은 얼마 걸리지 않아요. 그러나 이때 실력이 확 붙는 거예요.
아는 문제를 여러 번 다시 푸는 건 시간 낭비예요.
틀린 문제만 모아서 풀면 아무리 바쁘더라도
이번 학기 수학은 걱정 없어요!

정답 ➔ 맞은 문제는 아주 크게 ○를, 틀린 문제는 작게 ☆ 표시해 주세요. 자신감이 쑤욱~ 높아집니다.

첫째 마당 · 자연수의 혼합 계산

01단계 ▶▶ 11쪽

① 15+9−6=18
❶ 24
❷ 18

② 16−7+12=21
9
21

③ 36 ④ 42 ⑤ 29 ⑥ 33 ⑦ 29
⑧ 43 ⑨ 37 ⑩ 29 ⑪ 62 ⑫ 61

01단계 ▶▶ 12쪽

① 17+(14−8)=23
❶ 6
❷ 23

② 30−(5+19)=6
24
6

③ 40 ④ 9 ⑤ 51 ⑥ 6 ⑦ 42
⑧ 27 ⑨ 51 ⑩ 29 ⑪ 66 ⑫ 28

02단계 ▶▶ 13쪽

① 12×3÷6=6
❶ 36
❷ 6

② 24÷8×13=39
3
39

③ 20 ④ 56 ⑤ 36 ⑥ 70 ⑦ 21
⑧ 96 ⑨ 11 ⑩ 56

02단계 ▶▶ 14쪽

① 8×(28÷7)=32
❶ 4
❷ 32

② 56÷(2×7)=4
14
4

③ 45 ④ 3 ⑤ 63 ⑥ 4 ⑦ 56
⑧ 4 ⑨ 45 ⑩ 3 ⑪ 52 ⑫ 6

03단계 ▶▶ 15쪽

① 26+5×3−14=27
❶ 15
❷ 41
❸ 27

② 12×3−17+25=44
❶ 36
❷ 19
❸ 44

③ 35−8+8×7=83
❶ 56
❷ 27
❸ 83

④ 37 ⑤ 30 ⑥ 55 ⑦ 37 ⑧ 45
⑨ 61

03단계 ▶▶ 16쪽

① 48 ② 27 ③ 34 ④ 23 ⑤ 65
⑥ 24 ⑦ 51 ⑧ 49 ⑨ 48 ⑩ 65

04단계 ▶▶ 17쪽

① 3×(20−4)+15=63
❶ 16
❷ 48
❸ 63

② (16+9)×2−23= 27

❶ 25
❷ 50
❸ 27

③ 23+4×(12−5)= 51

❶ 7
❷ 28
❸ 51

④ 60 ⑤ 71 ⑥ 25 ⑦ 41 ⑧ 90
⑨ 7 ⑩ 16

04단계 ▶▶ 18쪽

① 11 ② 24 ③ 24 ④ 70 ⑤ 18
⑥ 63 ⑦ 8 ⑧ 71 ⑨ 60 ⑩ 38

05단계 ▶▶ 19쪽

① 25+30÷5−8= 23

❶ 6
❷ 31
❸ 23

② 64÷2−16+7= 23

❶ 32
❷ 16
❸ 23

③ 51−12+36÷4= 48

❶ 9
❷ 39
❸ 48

④ 40 ⑤ 36 ⑥ 34 ⑦ 20 ⑧ 38
⑨ 28

05단계 ▶▶ 20쪽

① 16 ② 24 ③ 43 ④ 41 ⑤ 49
⑥ 34 ⑦ 46 ⑧ 34 ⑨ 59 ⑩ 68

06단계 ▶▶ 21쪽

① 18+40÷(17−9)= 23

❶ 8
❷ 5
❸ 23

② 23−(19+13)÷4= 15

❶ 32
❷ 8
❸ 15

③ 54÷(30−24)+25= 34

❶ 6
❷ 9
❸ 34

④ 27 ⑤ 41 ⑥ 7 ⑦ 22 ⑧ 16
⑨ 54 ⑩ 57

06단계 ▶▶ 22쪽

① 22 ② 0 ③ 7 ④ 41 ⑤ 42
⑥ 5 ⑦ 9 ⑧ 8 ⑨ 60 ⑩ 85

07단계 ▶▶ 23쪽

① 25+4×7−20÷4=48

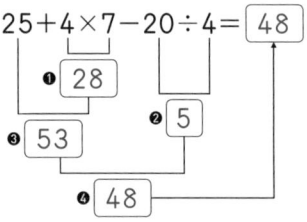

② 40−39÷3×2+8=22

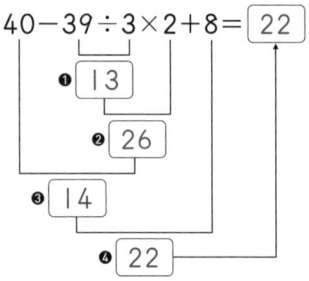

③ 30÷5+9×4−29=13

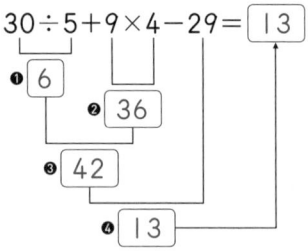

④ 48　⑤ 65　⑥ 14　⑦ 40　⑧ 14

07단계 ▶▶ 24쪽

① 34　② 12　③ 41　④ 19　⑤ 24
⑥ 29　⑦ 46　⑧ 64　⑨ 46　⑩ 53

08단계 ▶▶ 25쪽

① 30−8×(15÷5)+7=13

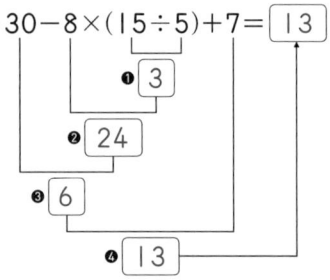

② 56÷(13−6)+6×8=56

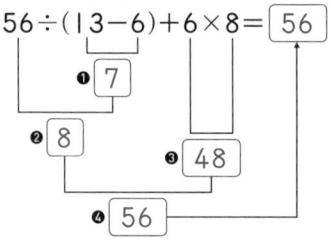

③ 21−(15+25)×2÷16=16

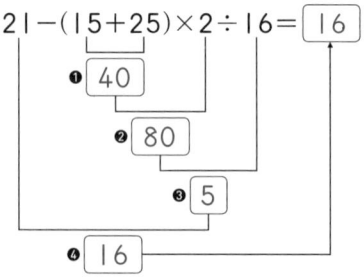

④ 57　⑤ 31　⑥ 40　⑦ 12　⑧ 80

08단계 ▶▶ 26쪽

① 61　② 21　③ 7　④ 34　⑤ 32
⑥ 23　⑦ 60　⑧ 68　⑨ 80　⑩ 70

09단계 ▶▶ 27쪽

① 9　② 18　③ 18　④ 77　⑤ 63
⑥ 2　⑦ 43　⑧ 24　⑨ 37　⑩ 14

09단계 ▶▶ 28쪽

① 23, >, 7　② 80, >, 5　③ 40, <, 49
④ 51, >, 3　⑤ 66, >, 12　⑥ 14, >, 9

10단계 ▶▶ 29쪽

① 16, 15, 7, 24 / 24　② 24, 9, 6, 9 / 9
③ 12, 2, 3, 8 / 8　④ 30, 6, 8, 2, 2 / 2

10단계 ▶▶ 30쪽

① 10 ② 6 ③ 4 ④ 2 ⑤ ÷

둘째 마당 · 약수와 배수

11단계 ▶▶ 33쪽

① 2, 4 / 1, 2, 4
② 4, 8 / 1, 2, 4, 8
③ 2, 7, 14 / 1, 2, 7, 14
④ 3, 7, 21 / 1, 3, 7, 21
⑤ 4, 8, 16 / 1, 2, 4, 8, 16
⑥ 4, 8, 16, 32 / 1, 2, 4, 8, 16, 32

11단계 ▶▶ 34쪽

① 5, 10 / 1, 2, 5, 10
② 3, 4, 6, 12 / 1, 2, 3, 4, 6, 12
③ 3, 6, 9, 18 / 1, 2, 3, 6, 9, 18
④ 4, 6, 8, 12, 24 / 1, 2, 3, 4, 6, 8, 12, 24
⑤ 5, 6, 10, 15, 30 / 1, 2, 3, 5, 6, 10, 15, 30

12단계 ▶▶ 35쪽

① 1, 3, 9 ② 1, 3, 5, 15
③ 1, 2, 4, 7, 14, 28 ④ 1, 3, 13, 39
⑤ 1, 3, 5, 9, 15, 45 ⑥ 1, 2, 5, 10, 25, 50
⑦ 1, 2, 4, 11, 22, 44 ⑧ 1, 3, 9, 27, 81
⑨ 1, 2, 3, 6, 7, 14, 21, 42
⑩ 1, 2, 4, 7, 8, 14, 28, 56

12단계 ▶▶ 36쪽

① 1, 2, 4, 5, 10, 20 ② 1, 5, 7, 35
③ 1, 2, 11, 22 ④ 1, 3, 7, 9, 21, 63
⑤ 1, 2, 4, 13, 26, 52 ⑥ 1, 7, 49
⑦ 1, 2, 3, 4, 6, 9, 12, 18, 36
⑧ 1, 2, 4, 5, 8, 10, 20, 40
⑨ 1, 2, 3, 4, 6, 8, 12, 16, 24, 48
⑩ 1, 2, 4, 8, 16, 32, 64

13단계 ▶▶ 37쪽

① 2, 4, 6, 8 ② 5, 10, 15, 20
③ 6, 12, 18, 24 ④ 8, 16, 24, 32
⑤ 9, 18, 27, 36 ⑥ 11, 22, 33, 44
⑦ 13, 26, 39, 52 ⑧ 14, 28, 42, 56
⑨ 25, 50, 75, 100 ⑩ 30, 60, 90, 120
⑪ 32, 64, 96, 128

13단계 ▶▶ 38쪽

① 3, 6, 9, 12, 15 ② 4, 8, 12, 16, 20
③ 7, 14, 21, 28, 35 ④ 12, 24, 36, 48, 60
⑤ 15, 30, 45, 60, 75 ⑥ 16, 32, 48, 64, 80
⑦ 20, 40, 60, 80, 100 ⑧ 24, 48, 72, 96, 120
⑨ 27, 54, 81, 108, 135
⑩ 35, 70, 105, 140, 175

14단계 ▶▶ 39쪽

① ○ ② × ③ ○ ④ ○ ⑤ ×
⑥ ○ ⑦ × ⑧ ○ ⑨ × ⑩ ○
⑪ ○ ⑫ ×

14단계 ▶▶ 40쪽

① 4, 12에 ○표 ② 9, 21에 ○표
③ 20, 30에 ○표 ④ 6, 24에 ○표
⑤ 6, 18에 ○표 ⑥ 4, 64, 100에 ○표
⑦ 27, 63에 ○표 ⑧ 6, 8, 48에 ○표
⑨ 4, 96에 ○표

15단계 ▶▶ 41쪽

① 1, 2, 4 / 1, 2, 3, 6 / 1, 2
② 1, 2, 4, 8 / 1, 2, 3, 4, 6, 12 / 1, 2, 4
③ 1, 2, 5, 10 / 1, 3, 5, 15 / 1, 5
④ 1, 2, 4, 8, 16 / 1, 2, 3, 4, 6, 8, 12, 24 / 1, 2, 4, 8
⑤ 1, 3, 9, 27 / 1, 3, 5, 9, 15, 45 / 1, 3, 9
⑥ 1, 2, 4, 5, 8, 10, 20, 40 / 1, 2, 5, 10, 25, 50 / 1, 2, 5, 10

15단계 ▶▶ 42쪽

① 1, 3 / 3 ② 1, 2, 4 / 4
③ 1, 2, 4, 8 / 8 ④ 1, 2, 4 / 4
⑤ 1, 3, 9 / 9 ⑥ 1, 2, 4, 8, 16 / 16
⑦ 1, 3, 5, 15 / 15

16단계 ▶▶ 43쪽

① 2, 4 ② 3, 9 ③ 2, 5, 10
④ 2, 7, 14 ⑤ 2, 13, 26 ⑥ 2, 2, 2, 8
⑦ 2, 2, 3, 12

16단계 ▶▶ 44쪽

① 5, 3 / 4 ② 3, 3 / 6 ③ 3, 3 / 9
④ 5, 2 / 10 ⑤ 7, 7 / 14 ⑥ 3, 5 / 15
⑦ 7, 2, 7 / 28 ⑧ 11, 3, 11 / 22

17단계 ▶▶ 45쪽

① 2 ② 3 ③ 2, 4
④ 3, 6 ⑤ 3, 9 ⑥ 5, 10
⑦ 2, 7, 14 ⑧ 2, 3, 6

17단계 ▶▶ 46쪽

① 6 ② 6 ③ 15 ④ 8 ⑤ 6
⑥ 8 ⑦ 15 ⑧ 14

18단계 ▶▶ 47쪽

① 4 ② 18 ③ 15 ④ 13 ⑤ 12
⑥ 7 ⑦ 26

18단계 ▶▶ 48쪽

① 12 ② 16 ③ 8 ④ 30 ⑤ 13
⑥ 28

19단계 ▶▶ 49쪽

① 2, 4, 6, 8, 10, 12 / 3, 6, 9, 12, 15, 18 / 6, 12
② 4, 8, 12, 16, 20, 24 / 5, 10, 15, 20, 25, 30 / 20
③ 6, 12, 18, 24, 30, 36 / 10, 20, 30, 40, 50, 60 / 30
④ 7, 14, 21, 28, 35, 42 / 14, 28, 42, 56, 70, 84 / 14, 28, 42
⑤ 8, 16, 24, 32, 40, 48 / 12, 24, 36, 48, 60, 72 / 24, 48
⑥ 9, 18, 27, 36, 45, 54 / 15, 30, 45, 60, 75, 90 / 45

19단계 ▸▸50쪽

① 12, 24 / 12　② 6, 12 / 6
③ 24, 48 / 24　④ 20, 40 / 20
⑤ 60, 120 / 60　⑥ 60, 120 / 60
⑦ 36, 72 / 36　⑧ 42, 84 / 42
⑨ 54, 108 / 54

20단계 ▸▸51쪽

① 12　② 2, 40　③ 3, 2, 60
④ 11, 3, 66　⑤ 2, 2, 84　⑥ 2, 3, 36
⑦ 3, 2, 3, 54　⑧ 2, 5, 2, 40

20단계 ▸▸52쪽

① 3, 5 / 60　② 3, 7 / 126　③ 3, 2 / 60
④ 2, 2 / 56　⑤ 3, 13 / 78　⑥ 7, 3 / 210
⑦ 5, 3, 5 / 60　⑧ 2, 2, 3 / 48

21단계 ▸▸53쪽

① 3, 18　② 2, 7, 70
③ 2, 4, 5, 80　④ 3, 2, 3, 36
⑤ 7, 1, 5, 70　⑥ 5, 2, 3, 90
⑦ 5, 5, 3, 1, 75　⑧ 2, 7, 2, 3, 84

21단계 ▸▸54쪽

① 70　② 66　③ 90　④ 140
⑤ 108　⑥ 84　⑦ 180　⑧ 96

22단계 ▸▸55쪽

① 63　② 72　③ 180　④ 84
⑤ 350　⑥ 126　⑦ 195　⑧ 156

22단계 ▸▸56쪽

① 280　② 108　③ 216　④ 88
⑤ 480　⑥ 168

23단계 ▸▸57쪽

① 2, 4, 8　② 6　③ 8　④ 12

23단계 ▸▸58쪽

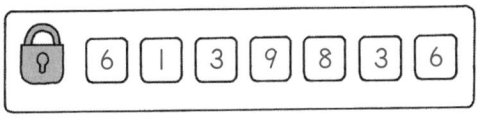

셋째 마당 · 약분과 통분

24단계 ▸▸61쪽

① 2, 3, 4, 5　② 6, 9, 12, 15
③ 12, 18, 24, 30　④ 8, 12, 16, 20
⑤ 16, 24, 32, 40　⑥ 18, 27, 36, 45

24단계 ▸▸62쪽

① 4, 6, 8　② 2, 3, $\frac{4}{16}$
③ $\frac{6}{10}$, $\frac{9}{15}$, $\frac{12}{20}$　④ $\frac{12}{14}$, $\frac{18}{21}$, $\frac{24}{28}$
⑤ $\frac{10}{16}$, $\frac{15}{24}$, $\frac{20}{32}$　⑥ $\frac{8}{18}$, $\frac{12}{27}$, $\frac{16}{36}$
⑦ $\frac{14}{20}$, $\frac{21}{30}$, $\frac{28}{40}$　⑧ $\frac{12}{22}$, $\frac{18}{33}$, $\frac{24}{44}$
⑨ $\frac{10}{24}$, $\frac{15}{36}$, $\frac{20}{48}$　⑩ $\frac{8}{26}$, $\frac{12}{39}$, $\frac{16}{52}$

⑪ $\frac{18}{28}, \frac{27}{42}, \frac{36}{56}$　⑫ $\frac{14}{30}, \frac{21}{45}, \frac{28}{60}$

25단계 ▶▶63쪽

① 6, 3　② 9, 6, 3　③ 18, 9
④ 5, 3, 1　⑤ 21, 14, 7　⑥ 8, 4, 2, 1

25단계 ▶▶64쪽

① 2, 1　② 6, $\frac{4}{6}$　③ $\frac{4}{10}, \frac{2}{5}$
④ $\frac{3}{9}, \frac{1}{3}$　⑤ $\frac{6}{15}, \frac{4}{10}$　⑥ $\frac{8}{16}, \frac{4}{8}$
⑦ $\frac{3}{18}, \frac{2}{12}$　⑧ $\frac{8}{20}, \frac{4}{10}$　⑨ $\frac{16}{24}, \frac{8}{12}$
⑩ $\frac{12}{27}, \frac{8}{18}$　⑪ $\frac{15}{20}, \frac{9}{12}$　⑫ $\frac{7}{35}, \frac{2}{10}$

26단계 ▶▶65쪽

① 2, 1　② 3, 1　③ 3, 2, 1
④ 4, 2, 1　⑤ 8, 4, 2　⑥ 7, 2, 1
⑦ 14, 7　⑧ 27, 18, 9　⑨ 15, 6, 3
⑩ 21, 9, 3　⑪ 28, 14, 7　⑫ 25, 15, 5

26단계 ▶▶66쪽

① 6, 3　② 8, $\frac{4}{5}$
③ $\frac{2}{12}, \frac{1}{6}$　④ $\frac{6}{15}, \frac{4}{10}, \frac{2}{5}$
⑤ $\frac{9}{12}, \frac{3}{4}$　⑥ $\frac{12}{15}, \frac{4}{5}$
⑦ $\frac{20}{25}, \frac{8}{10}, \frac{4}{5}$　⑧ $\frac{14}{35}, \frac{4}{10}, \frac{2}{5}$
⑨ $\frac{35}{50}, \frac{14}{20}, \frac{7}{10}$　⑩ $\frac{16}{24}, \frac{8}{12}, \frac{4}{6}, \frac{2}{3}$
⑪ $\frac{27}{36}, \frac{18}{24}, \frac{9}{12}, \frac{6}{8}, \frac{3}{4}$

27단계 ▶▶67쪽

① 1　② $\frac{3}{5}$　③ $\frac{3}{4}$　④ $\frac{4}{7}$
⑤ $\frac{4}{5}$　⑥ $\frac{1}{2}$　⑦ $\frac{1}{2}$　⑧ $\frac{2}{7}$
⑨ $\frac{1}{3}$　⑩ $\frac{4}{5}$　⑪ $\frac{1}{4}$

27단계 ▶▶68쪽

① $\frac{2}{7}$　② $\frac{5}{8}$　③ $\frac{1}{2}$　④ $\frac{2}{5}$
⑤ $\frac{2}{7}$　⑥ $\frac{1}{2}$　⑦ $\frac{2}{9}$　⑧ $\frac{3}{7}$
⑨ $\frac{1}{5}$　⑩ $\frac{1}{3}$　⑪ $\frac{4}{7}$　⑫ $\frac{3}{5}$

28단계 ▶▶69쪽

① 3, 4　② 12, 5　③ $\frac{24}{32}, \frac{20}{32}$
④ $\frac{14}{21}, \frac{6}{21}$　⑤ $\frac{9}{54}, \frac{30}{54}$　⑥ $\frac{40}{55}, \frac{44}{55}$
⑦ $\frac{27}{72}, \frac{56}{72}$　⑧ $\frac{50}{60}, \frac{18}{60}$　⑨ $1\frac{12}{18}, \frac{15}{18}$
⑩ $\frac{20}{48}, 2\frac{12}{48}$　⑪ $3\frac{20}{65}, 3\frac{26}{65}$

28단계 ▶▶70쪽

① $\frac{5}{10}, \frac{6}{10}$　② $\frac{8}{12}, \frac{3}{12}$　③ $\frac{7}{42}, \frac{12}{42}$
④ $\frac{12}{32}, \frac{24}{32}$　⑤ $\frac{18}{45}, \frac{20}{45}$　⑥ $\frac{6}{24}, \frac{20}{24}$
⑦ $\frac{15}{50}, \frac{20}{50}$　⑧ $\frac{13}{26}, \frac{20}{26}$　⑨ $2\frac{40}{48}, \frac{42}{48}$

⑩ $\frac{44}{99}$, $3\frac{72}{99}$　⑪ $2\frac{36}{56}$, $\frac{42}{56}$　⑫ $\frac{36}{51}$, $3\frac{34}{51}$

29단계 ▶▶ 71쪽

① 3, 2　② $\frac{5}{15}$, $\frac{2}{15}$　③ $\frac{15}{18}$, $\frac{8}{18}$

④ $\frac{3}{16}$, $\frac{6}{16}$　⑤ $\frac{15}{20}$, $\frac{18}{20}$　⑥ $\frac{21}{24}$, $\frac{10}{24}$

⑦ $\frac{21}{28}$, $\frac{18}{28}$　⑧ $1\frac{15}{40}$, $\frac{28}{40}$　⑨ $\frac{15}{36}$, $3\frac{8}{36}$

⑩ $1\frac{3}{42}$, $1\frac{35}{42}$　⑪ $2\frac{25}{45}$, $1\frac{12}{45}$

29단계 ▶▶ 72쪽

① $\frac{4}{24}$, $\frac{15}{24}$　② $\frac{9}{30}$, $\frac{25}{30}$　③ $\frac{8}{36}$, $\frac{15}{36}$

④ $\frac{16}{30}$, $\frac{27}{30}$　⑤ $\frac{7}{56}$, $\frac{20}{56}$　⑥ $\frac{18}{60}$, $\frac{25}{60}$

⑦ $\frac{27}{36}$, $\frac{22}{36}$　⑧ $\frac{27}{60}$, $\frac{28}{60}$　⑨ $\frac{12}{26}$, $1\frac{9}{26}$

⑩ $3\frac{44}{66}$, $\frac{21}{66}$　⑪ $2\frac{20}{48}$, $4\frac{15}{48}$　⑫ $3\frac{27}{42}$, $3\frac{16}{42}$

30단계 ▶▶ 73쪽

① >　② $\frac{14}{21}$, $\frac{15}{21}$, <

③ $\frac{9}{12}$, $\frac{10}{12}$, <　④ $\frac{15}{18}$, $\frac{14}{18}$, >

⑤ $\frac{28}{40}$, $\frac{25}{40}$, >　⑥ $\frac{9}{24}$, $\frac{10}{24}$, <

⑦ $\frac{44}{60}$, $\frac{39}{60}$, >

30단계 ▶▶ 74쪽

① <　② <　③ >　④ <　⑤ >

⑥ >　⑦ <　⑧ <　⑨ >　⑩ >

⑪ >

31단계 ▶▶ 75쪽

①

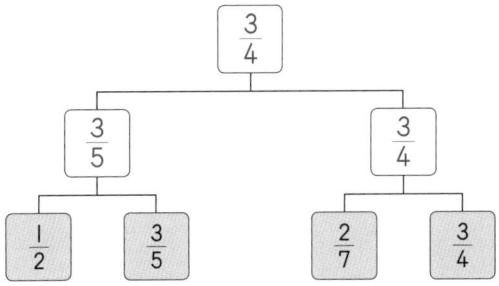

②

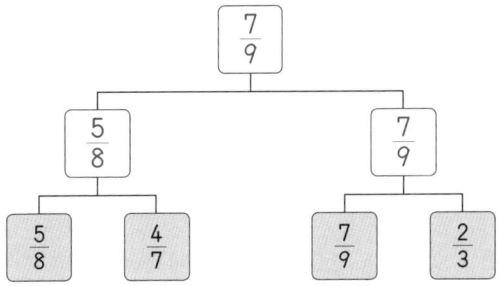

③

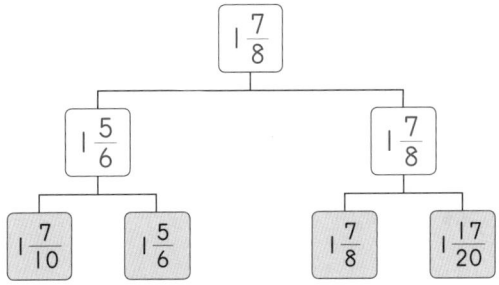

31단계 ▶▶ 76쪽

①

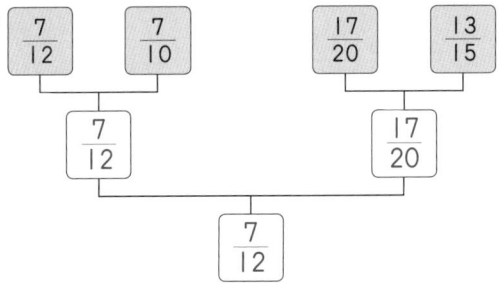

② $\frac{5}{8}$ $\frac{7}{9}$ $\frac{11}{18}$ $\frac{16}{27}$

$\frac{5}{8}$ $\frac{16}{27}$

$\frac{16}{27}$

③ $2\frac{7}{12}$ $2\frac{9}{16}$ $2\frac{5}{8}$ $2\frac{11}{20}$

$2\frac{9}{16}$ $2\frac{11}{20}$

$2\frac{11}{20}$

32단계 ▶▶ 77쪽

① $\frac{8}{12}, \frac{9}{12}, <$ / $\frac{21}{28}, \frac{20}{28}, >$ / $\frac{14}{21}, \frac{15}{21}, <$ / $\frac{3}{4}, \frac{5}{7}, \frac{2}{3}$

② $\frac{15}{36}, \frac{16}{36}, <$ / $\frac{8}{18}, \frac{7}{18}, >$ / $\frac{15}{36}, \frac{14}{36}, >$ / $\frac{4}{9}, \frac{5}{12}, \frac{7}{18}$

32단계 ▶▶ 78쪽

① $<, >, <$ / $\frac{3}{10}, \frac{4}{15}, \frac{1}{5}$

② $>, <, >$ / $\frac{5}{7}, \frac{47}{70}, \frac{3}{5}$

③ $\frac{7}{10}, \frac{13}{20}, \frac{5}{8}$ ④ $\frac{3}{5}, \frac{5}{9}, \frac{7}{15}$

⑤ $\frac{11}{16}, \frac{7}{12}, \frac{13}{24}$

33단계 ▶▶ 79쪽

① $>$ ② $<$ ③ $<$ ④ $<$ ⑤ $>$
⑥ $<$ ⑦ $>$ ⑧ $<$ ⑨ $>$ ⑩ $<$
⑪ $<$

33단계 ▶▶ 80쪽

① $<$ ② $>$ ③ $<$ ④ $<$ ⑤ $<$
⑥ $>$ ⑦ $>$ ⑧ $<$ ⑨ $=$ ⑩ $>$
⑪ $>$

34단계 ▶▶ 81쪽

① 2 ② $\frac{5}{6}$ ③ 서준 ④ 콜라

34단계 ▶▶ 82쪽

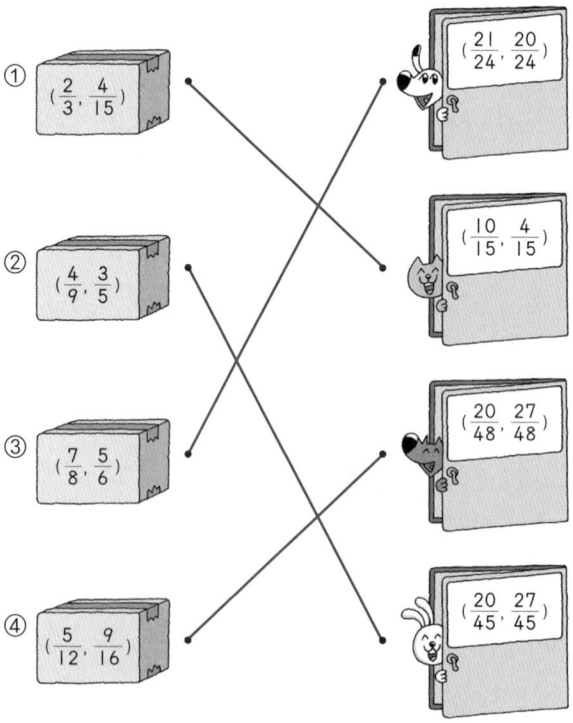

넷째 마당 · 분수의 덧셈과 뺄셈

35단계 ▶▶ 85쪽

① 5, 2, 7　② 6, 7　③ $\frac{9}{10}$

④ $\frac{5}{24}$　⑤ $\frac{5}{6}$　⑥ $\frac{13}{24}$

⑦ $\frac{19}{42}$　⑧ $\frac{50}{63}$　⑨ $\frac{17}{24}$

⑩ $\frac{27}{40}$　⑪ $\frac{23}{36}$　⑫ $\frac{23}{45}$

35단계 ▶▶ 86쪽

① $\frac{17}{18}$　② $\frac{11}{15}$　③ $\frac{34}{63}$　④ $\frac{11}{12}$

⑤ $\frac{31}{35}$　⑥ $\frac{5}{6}$　⑦ $\frac{29}{30}$　⑧ $\frac{7}{12}$

⑨ $\frac{11}{42}$　⑩ $\frac{17}{40}$　⑪ $\frac{43}{60}$　⑫ $\frac{31}{48}$

36단계 ▶▶ 87쪽

① 3, 4, 7, $1\frac{1}{6}$　② $1\frac{7}{12}$　③ $1\frac{1}{9}$

④ $1\frac{9}{40}$　⑤ $1\frac{1}{21}$　⑥ $1\frac{9}{40}$

⑦ $1\frac{3}{20}$　⑧ $1\frac{13}{36}$　⑨ $1\frac{1}{3}$

⑩ $1\frac{1}{36}$　⑪ $1\frac{13}{30}$

36단계 ▶▶ 88쪽

① $1\frac{1}{8}$　② $1\frac{9}{35}$　③ $1\frac{1}{6}$　④ $1\frac{3}{10}$

⑤ $1\frac{5}{18}$　⑥ $1\frac{1}{15}$　⑦ $1\frac{1}{2}$　⑧ $1\frac{1}{52}$

⑨ $1\frac{5}{24}$　⑩ $1\frac{1}{48}$　⑪ $1\frac{16}{45}$　⑫ $1\frac{11}{60}$

37단계 ▶▶ 89쪽

① 2, 2, 3　② 9, 2, 9, 2, 11

③ 예 $1\frac{2}{10}+3\frac{5}{10}=(1+3)+(\frac{2}{10}+\frac{5}{10})=4\frac{7}{10}$

④ 예 $2\frac{7}{28}+2\frac{8}{28}=(2+2)+(\frac{7}{28}+\frac{8}{28})=4\frac{15}{28}$

⑤ 예 $2\frac{4}{18}+4\frac{5}{18}=(2+4)+(\frac{4}{18}+\frac{5}{18})=6\frac{9}{18}$
$=6\frac{1}{2}$

⑥ 예 $4\frac{4}{24}+1\frac{15}{24}=(4+1)+(\frac{4}{24}+\frac{15}{24})=5\frac{19}{24}$

⑦ 예 $3\frac{3}{36}+1\frac{28}{36}=(3+1)+(\frac{3}{36}+\frac{28}{36})=4\frac{31}{36}$

※ ③~⑦번은 풀이가 달라도 답이 맞으면 정답입니다.

37단계 ▶▶ 90쪽

① 3, $3\frac{5}{9}$　② $5\frac{3}{5}$　③ $4\frac{8}{15}$

④ $2\frac{11}{14}$　⑤ $5\frac{17}{36}$　⑥ $8\frac{17}{20}$

⑦ $5\frac{3}{4}$　⑧ $4\frac{11}{24}$　⑨ $5\frac{13}{24}$

⑩ $4\frac{13}{30}$　⑪ $6\frac{23}{36}$　⑫ $5\frac{29}{60}$

38단계 ▶▶ 91쪽

① 3, 4, 3, 4, 7, $4\frac{1}{6}$

② 예 $1\frac{5}{10}+3\frac{6}{10}=(1+3)+(\frac{5}{10}+\frac{6}{10})=4\frac{11}{10}$
$=5\frac{1}{10}$

③ 예 $1\frac{4}{12}+1\frac{9}{12}=(1+1)+(\frac{4}{12}+\frac{9}{12})=2\frac{13}{12}$
$=3\frac{1}{12}$

④ 예 $2\frac{3}{12}+2\frac{10}{12}=(2+2)+(\frac{3}{12}+\frac{10}{12})=4\frac{13}{12}$
$=5\frac{1}{12}$

⑤ 예 $1\frac{5}{6}+2\frac{4}{6}=(1+2)+(\frac{5}{6}+\frac{4}{6})=3\frac{9}{6}=4\frac{3}{6}$
$=4\frac{1}{2}$

⑥ 예 $3\frac{25}{30}+2\frac{14}{30}=(3+2)+(\frac{25}{30}+\frac{14}{30})=5\frac{39}{30}$
$=6\frac{9}{30}=6\frac{3}{10}$

⑦ 예 $3\frac{35}{40}+1\frac{7}{40}=(3+1)+(\frac{35}{40}+\frac{7}{40})=4\frac{42}{40}$
$=5\frac{2}{40}=5\frac{1}{20}$

※ ②~⑦번은 풀이가 달라도 답이 맞으면 정답입니다.

38단계 ▶▶ 92쪽

① 9, 4, 13, $4\frac{1}{12}$　② $6\frac{1}{8}$
③ $6\frac{1}{9}$　④ $8\frac{1}{7}$　⑤ $6\frac{1}{5}$
⑥ $3\frac{2}{45}$　⑦ $5\frac{9}{20}$　⑧ $6\frac{13}{48}$
⑨ $9\frac{1}{4}$　⑩ $7\frac{17}{24}$　⑪ $8\frac{1}{36}$

39단계 ▶▶ 93쪽

① 7, 4, 21, 8, 29, $4\frac{5}{6}$

② 7, 13, 14, 13, 27, $2\frac{7}{10}$

③ 예 $\frac{5}{3}+\frac{9}{4}=\frac{20}{12}+\frac{27}{12}=\frac{47}{12}=3\frac{11}{12}$

④ 예 $\frac{9}{2}+\frac{10}{7}=\frac{63}{14}+\frac{20}{14}=\frac{83}{14}=5\frac{13}{14}$

⑤ 예 $\frac{7}{6}+\frac{13}{9}=\frac{21}{18}+\frac{26}{18}=\frac{47}{18}=2\frac{11}{18}$

⑥ 예 $\frac{27}{10}+\frac{22}{15}=\frac{81}{30}+\frac{44}{30}=\frac{125}{30}=\frac{25}{6}=4\frac{1}{6}$

⑦ 예 $\frac{11}{8}+\frac{19}{10}=\frac{55}{40}+\frac{76}{40}=\frac{131}{40}=3\frac{11}{40}$

※ ③~⑦번은 풀이가 달라도 답이 맞으면 정답입니다.

39단계 ▶▶ 94쪽

① 11, 13, 22, 13, 35, $8\frac{3}{4}$　② $4\frac{13}{20}$
③ $2\frac{5}{9}$　④ $4\frac{1}{15}$　⑤ $3\frac{9}{16}$
⑥ $5\frac{11}{18}$　⑦ $3\frac{13}{30}$　⑧ $2\frac{17}{20}$
⑨ $4\frac{17}{24}$　⑩ $3\frac{27}{35}$　⑪ $6\frac{4}{33}$

40단계 ▶▶ 95쪽

① 11, 5, 11, 10, 21, 7, $3\frac{1}{2}$　② $6\frac{1}{5}$
③ $7\frac{1}{12}$　④ $3\frac{4}{21}$　⑤ $4\frac{7}{18}$
⑥ $3\frac{5}{24}$　⑦ $2\frac{13}{14}$　⑧ $5\frac{1}{20}$
⑨ $4\frac{7}{30}$　⑩ $4\frac{3}{35}$　⑪ $3\frac{20}{33}$

40단계 ▶▶ 96쪽

① 4, 12, 20, 36, 56, $3\frac{11}{15}$　② $5\frac{3}{10}$
③ $4\frac{3}{14}$　④ $5\frac{1}{12}$　⑤ $6\frac{1}{10}$
⑥ $4\frac{29}{35}$　⑦ $4\frac{3}{20}$　⑧ $3\frac{17}{30}$
⑨ $5\frac{1}{45}$　⑩ $4\frac{17}{24}$　⑪ $3\frac{7}{36}$

41단계 ▸▸ 97쪽

① $3\frac{2}{9}$　② $6\frac{1}{10}$　③ $6\frac{3}{16}$

④ $7\frac{1}{11}$　⑤ $4\frac{1}{21}$　⑥ $6\frac{1}{30}$

⑦ $4\frac{9}{28}$　⑧ $8\frac{19}{30}$　⑨ $6\frac{1}{22}$

⑩ $6\frac{5}{18}$　⑪ $6\frac{7}{30}$　⑫ $4\frac{11}{30}$

41단계 ▸▸ 98쪽

① $7\frac{3}{28}$　② $4\frac{7}{24}$　③ $3\frac{2}{15}$

④ $3\frac{1}{6}$　⑤ $4\frac{11}{15}$　⑥ $6\frac{1}{6}$

⑦ $4\frac{7}{60}$　⑧ $4\frac{19}{24}$　⑨ $6\frac{13}{60}$

⑩ $4\frac{13}{48}$　⑪ $5\frac{3}{28}$

42단계 ▸▸ 99쪽

① $1\frac{5}{36}$　② $1\frac{3}{14}$　③ $5\frac{31}{45}$

④ $3\frac{37}{60}$　⑤ $6\frac{3}{50}$　⑥ $5\frac{21}{80}$

⑦ $4\frac{1}{36}$　⑧ $6\frac{17}{42}$　⑨ $\frac{31}{45}$

⑩ $7\frac{7}{60}$　⑪ $6\frac{5}{12}$

42단계 ▸▸ 100쪽

①

$\frac{3}{4}$	$\frac{5}{6}$	$1\frac{7}{12}$
$\frac{1}{8}$		
$\frac{7}{8}$		

④

$5\frac{3}{4}$	$1\frac{1}{10}$	$6\frac{17}{20}$
$3\frac{9}{14}$		
$9\frac{11}{28}$		

②

$\frac{3}{8}$	$\frac{7}{12}$	$\frac{23}{24}$
$\frac{7}{10}$		
$1\frac{3}{40}$		

⑤

$1\frac{7}{12}$	$3\frac{9}{16}$	$5\frac{7}{48}$
$2\frac{11}{18}$		
$4\frac{7}{36}$		

③

$1\frac{2}{3}$	$4\frac{1}{4}$	$5\frac{11}{12}$
$1\frac{5}{6}$		
$3\frac{1}{2}$		

43단계 ▸▸ 101쪽

① 4, 3, 1　② 2, 3　③ $\frac{3}{14}$　④ $\frac{5}{18}$

⑤ $\frac{7}{20}$　⑥ $\frac{1}{2}$　⑦ $\frac{5}{24}$　⑧ $\frac{13}{30}$

⑨ $\frac{4}{33}$　⑩ $\frac{1}{2}$　⑪ $\frac{1}{36}$　⑫ $\frac{3}{10}$

43단계 ▸▸ 102쪽

① $\frac{1}{4}$　② $\frac{2}{15}$　③ $\frac{5}{18}$　④ $\frac{16}{35}$

⑤ $\frac{17}{40}$　⑥ $\frac{1}{4}$　⑦ $\frac{4}{9}$　⑧ $\frac{5}{18}$

⑨ $\frac{1}{24}$　⑩ $\frac{7}{45}$　⑪ $\frac{8}{15}$　⑫ $\frac{7}{30}$

44단계 ▸▸ 103쪽

① 4, 4, 1　② 4, 3, 4, 3, 1

③ 예 $2\frac{12}{20}-1\frac{5}{20}=(2-1)+(\frac{12}{20}-\frac{5}{20})=1\frac{7}{20}$

④ 예 $6\frac{9}{72}-4\frac{8}{72}=(6-4)+(\frac{9}{72}-\frac{8}{72})=2\frac{1}{72}$

⑤ 예 $3\frac{12}{14}-1\frac{11}{14}=(3-1)+(\frac{12}{14}-\frac{11}{14})=2\frac{1}{14}$

⑥ 예 $5\frac{21}{24}-3\frac{20}{24}=(5-3)+(\frac{21}{24}-\frac{20}{24})=2\frac{1}{24}$

⑦ 예 $4\frac{20}{36}-1\frac{15}{36}=(4-1)+(\frac{20}{36}-\frac{15}{36})=3\frac{5}{36}$

※ ③~⑦번은 풀이가 달라도 답이 맞으면 정답입니다.

44단계 ▶▶ 104쪽

① 2, 1, $3\frac{1}{4}$　② $3\frac{1}{12}$　③ $3\frac{5}{12}$

④ $3\frac{9}{40}$　⑤ $4\frac{11}{24}$　⑥ $4\frac{11}{50}$

⑦ $2\frac{5}{21}$　⑧ $4\frac{1}{45}$　⑨ $2\frac{7}{36}$

⑩ $2\frac{4}{9}$　⑪ $2\frac{2}{9}$　⑫ $4\frac{1}{6}$

45단계 ▶▶ 105쪽

① 4, 9, 4, 9, 4, $4\frac{5}{6}$　② 2, 10, 10, $2\frac{5}{8}$

③ 예 $7\frac{5}{15}-4\frac{9}{15}=6\frac{20}{15}-4\frac{9}{15}$
$=(6-4)+(\frac{20}{15}-\frac{9}{15})=2\frac{11}{15}$

④ 예 $5\frac{5}{10}-3\frac{8}{10}=4\frac{15}{10}-3\frac{8}{10}$
$=(4-3)+(\frac{15}{10}-\frac{8}{10})=1\frac{7}{10}$

⑤ 예 $3\frac{8}{22}-1\frac{13}{22}=2\frac{30}{22}-1\frac{13}{22}$
$=(2-1)+(\frac{30}{22}-\frac{13}{22})=1\frac{17}{22}$

⑥ 예 $6\frac{9}{30}-5\frac{25}{30}=5\frac{39}{30}-5\frac{25}{30}$
$=(5-5)+(\frac{39}{30}-\frac{25}{30})=\frac{14}{30}$
$=\frac{7}{15}$

⑦ 예 $4\frac{9}{24}-2\frac{14}{24}=3\frac{33}{24}-2\frac{14}{24}$
$=(3-2)+(\frac{33}{24}-\frac{14}{24})=1\frac{19}{24}$

※ ③~⑦번은 풀이가 달라도 답이 맞으면 정답입니다.

45단계 ▶▶ 106쪽

① 5, 6, 15, 6, 9　② $1\frac{9}{20}$　③ $3\frac{7}{8}$

④ $5\frac{10}{21}$　⑤ $1\frac{13}{30}$　⑥ $1\frac{41}{72}$　⑦ $4\frac{19}{24}$

⑧ $3\frac{5}{18}$　⑨ $2\frac{14}{15}$　⑩ $2\frac{19}{20}$　⑪ $2\frac{11}{20}$

46단계 ▶▶ 107쪽

① 11, 13, 33, 26, 7, $1\frac{1}{6}$

② 23, 7, 46, 21, 25, $1\frac{7}{18}$

③ 예 $\frac{23}{5}-\frac{3}{2}=\frac{46}{10}-\frac{15}{10}=\frac{31}{10}=3\frac{1}{10}$

④ 예 $\frac{17}{3}-\frac{9}{4}=\frac{68}{12}-\frac{27}{12}=\frac{41}{12}=3\frac{5}{12}$

⑤ 예 $\frac{19}{4}-\frac{43}{12}=\frac{57}{12}-\frac{43}{12}=\frac{14}{12}=\frac{7}{6}=1\frac{1}{6}$

⑥ 예 $\frac{19}{3}-\frac{17}{7}=\frac{133}{21}-\frac{51}{21}=\frac{82}{21}=3\frac{19}{21}$

⑦ 예 $\frac{19}{6}-\frac{13}{10}=\frac{95}{30}-\frac{39}{30}=\frac{56}{30}=1\frac{26}{30}=1\frac{13}{15}$

※ ③~⑦번은 풀이가 달라도 답이 맞으면 정답입니다.

46단계 ▶▶ 108쪽

① 27, 5, 27, 10, 17, $4\frac{1}{4}$　② $2\frac{1}{21}$

③ $2\frac{1}{12}$　④ $1\frac{1}{15}$　⑤ $2\frac{2}{3}$

⑥ $2\frac{3}{5}$　⑦ $1\frac{17}{18}$　⑧ $1\frac{6}{7}$

⑨ $1\frac{11}{24}$　⑩ $2\frac{19}{24}$　⑪ $\frac{41}{50}$

47단계 ▸▸ 109쪽

① 35, 9, 35, 18, 17, $2\frac{1}{8}$　② $1\frac{7}{10}$

③ $3\frac{11}{14}$　④ $1\frac{11}{24}$　⑤ $1\frac{3}{14}$

⑥ $1\frac{23}{28}$　⑦ $\frac{23}{30}$　⑧ $3\frac{9}{20}$

⑨ $1\frac{5}{6}$　⑩ $\frac{13}{27}$　⑪ $1\frac{17}{44}$

47단계 ▸▸ 110쪽

① 19, 3, 19, 9, 10, 5, $1\frac{2}{3}$　② $2\frac{7}{12}$

③ $\frac{11}{15}$　④ $1\frac{35}{36}$　⑤ $2\frac{7}{9}$

⑥ $1\frac{27}{40}$　⑦ $2\frac{1}{2}$　⑧ $\frac{47}{56}$

⑨ $1\frac{5}{14}$　⑩ $\frac{23}{24}$　⑪ $1\frac{41}{48}$

48단계 ▸▸ 111쪽

① $3\frac{11}{12}$　② $1\frac{1}{2}$　③ $2\frac{11}{14}$

④ $1\frac{23}{24}$　⑤ $1\frac{15}{16}$　⑥ $3\frac{9}{10}$

⑦ $\frac{17}{18}$　⑧ $2\frac{13}{24}$　⑨ $1\frac{20}{33}$

⑩ $3\frac{25}{26}$　⑪ $\frac{34}{45}$　⑫ $2\frac{13}{15}$

48단계 ▸▸ 112쪽

① $1\frac{11}{15}$　② $2\frac{15}{28}$　③ $2\frac{23}{26}$

④ $5\frac{31}{40}$　⑤ $\frac{35}{36}$　⑥ $4\frac{17}{40}$

⑦ $3\frac{44}{45}$　⑧ $3\frac{41}{56}$　⑨ $\frac{43}{60}$

⑩ $3\frac{49}{60}$　⑪ $4\frac{41}{48}$

49단계 ▸▸ 113쪽

① $\frac{1}{10}$　② $\frac{5}{48}$　③ $2\frac{1}{7}$

④ $3\frac{49}{60}$　⑤ $2\frac{25}{28}$　⑥ $2\frac{5}{6}$

⑦ $2\frac{47}{50}$　⑧ $2\frac{37}{42}$　⑨ $\frac{1}{30}$

⑩ $3\frac{5}{8}$　⑪ $3\frac{79}{90}$

49단계 ▸▸ 114쪽

①

$\frac{7}{8}$	$\frac{1}{6}$	$\frac{17}{24}$
$\frac{5}{7}$		
$\frac{9}{56}$		

②

$5\frac{2}{3}$	$2\frac{1}{4}$	$3\frac{5}{12}$
$3\frac{2}{7}$		
$2\frac{8}{21}$		

③

$4\frac{1}{6}$	$1\frac{5}{21}$	$2\frac{13}{14}$
$3\frac{4}{5}$		
$\frac{11}{30}$		

④

$4\frac{2}{5}$	$2\frac{5}{6}$	$1\frac{17}{30}$
$3\frac{7}{15}$		
$\frac{14}{15}$		

⑤

$7\frac{3}{10}$	$6\frac{3}{4}$	$\frac{11}{20}$
$4\frac{5}{6}$		
$2\frac{7}{15}$		

50단계 ▸▸ 115쪽

① $1\frac{2}{9}$ ② $5\frac{11}{20}$ ③ $\frac{11}{24}$ ④ $1\frac{43}{50}$

50단계 ▸▸ 116쪽

① $5\frac{1}{12}$ ② $4\frac{19}{24}$ ③ $4\frac{5}{12}$ ④ $4\frac{11}{12}$

다섯째 마당 · 다각형의 둘레와 넓이

51단계 ▸▸ 119쪽

① 3, 12 ② 4, 20 ③ 6, 30
④ 3, 6, 18 ⑤ 2, 8, 16 ⑥ 5, 7, 35
⑦ 4, 9, 36

51단계 ▸▸ 120쪽

① 3, 5 ② 4, 3 ③ 5, 6
④ 24, 6, 4 ⑤ 27, 3, 9 ⑥ 48, 6, 8
⑦ 28, 7, 4 ⑧ 40, 8, 5

52단계 ▸▸ 121쪽

① 3, 16 ② 2, 18 ③ 4, 20
④ 10, 9, 38 ⑤ 3, 14 ⑥ 4, 20
⑦ 8, 5, 26 ⑧ 11, 7, 36

52단계 ▸▸ 122쪽

① 4, 12 ② 4, 20 ③ 6, 4, 24
④ 8, 4, 32 ⑤ 4, 28 ⑥ 4, 16
⑦ 10, 4, 40 ⑧ 12, 4, 48

53단계 ▸▸ 123쪽

① 2, 8 ② 4, 12 ③ 6, 24
④ 2, 7, 14 ⑤ 2, 4 ⑥ 3, 3, 9
⑦ 5, 5, 25 ⑧ 8, 8, 64

53단계 ▸▸ 124쪽

① 15 cm^2 ② 48 cm^2 ③ 36 cm^2
④ 50 cm^2 ⑤ 16 cm^2 ⑥ 49 cm^2
⑦ 36 cm^2 ⑧ 81 cm^2

54단계 ▸▸ 125쪽

① 3, 12 ② 2, 10 ③ 3, 18
④ 9, 4, 36 ⑤ 7, 5, 35 ⑥ 3, 9, 27
⑦ 10, 4, 40 ⑧ 6, 8, 48

54단계 ▸▸ 126쪽

① 18 cm^2 ② 24 cm^2 ③ 35 cm^2
④ 21 cm^2 ⑤ 81 cm^2 ⑥ 44 cm^2
⑦ 60 cm^2 ⑧ 72 cm^2

55단계 ▸▸ 127쪽

① 2, 5 ② 4, 6 ③ 3, 12
④ 6, 4, 12 ⑤ 8, 6, 24 ⑥ 5, 6, 15
⑦ 6, 9, 27 ⑧ 10, 5, 25

55단계 ▸▸ 128쪽

① 10 cm^2 ② 7 cm^2 ③ 18 cm^2
④ 18 cm^2 ⑤ 20 cm^2 ⑥ 33 cm^2
⑦ 12 cm^2 ⑧ 100 cm^2

56단계 ▶▶ 129쪽

① 3, 9　② 5, 10　③ 7, 14
④ 8, 6, 24　⑤ 5, 12, 30　⑥ 14, 4, 28
⑦ 6, 7, 21

56단계 ▶▶ 130쪽

① 12 cm^2　② 12 cm^2　③ 33 cm^2
④ 50 cm^2　⑤ 16 cm^2　⑥ 30 cm^2
⑦ 56 cm^2　⑧ 80 cm^2

57단계 ▶▶ 131쪽

① 3, 9　② 2, 10　③ 2, 20
④ 7, 4, 18　⑤ 6, 8, 44　⑥ 7, 5, 40
⑦ 12, 4, 34　⑧ 9, 10, 65

57단계 ▶▶ 132쪽

① 32 cm^2　② 55 cm^2　③ 50 cm^2
④ 34 cm^2　⑤ 63 cm^2　⑥ 40 cm^2
⑦ 140 cm^2　⑧ 70 cm^2

58단계 ▶▶ 133쪽

① 70　② 36　③ 30　④ 110

58단계 ▶▶ 134쪽

알찬 교육 정보도 만나고 출판사 이벤트에도 참여하세요!

1. 바빠 공부단 카페
cafe.naver.com/easyispub

네이버 '바빠 공부단' 카페에서 함께 공부하세요! 책 한 권을 다 풀면 다른 책 1권을 드리는 '바빠 공부단(상시 모집)' 제도도 있어요!

2. 인스타그램 + 카카오 플러스 친구
@easys_edu　이지스에듀 검색!

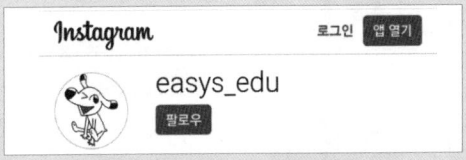

'이지스에듀' 인스타그램을 팔로우하세요! 바빠 시리즈 출간 소식과 출판사 이벤트, 구매 혜택을 가장 먼저 알려 드려요!

이렇게 공부가 잘 되는 영어 책 봤어?
손이 기억하는 영어 훈련 프로그램!

★ **4학년인 딸을 위해 1년간 서점을 뒤지다 찾아낸 보물 같은 책, 이 책은 무조건 사야 합니다.** – 어느 학부모의 찬사

★ **개인적으로 최고라고 생각하는 영어 시리즈!** – YBM어학원 5년 연속 최우수학원 원장, 허성원

정확한 문법으로 영어 문장을 만든다!

초등 기초 영문법은 물론 중학 기초 영문법까지 해결되는 책!

* 3·4학년용 영문법도 있어요!

첨삭 없이 공부할 수 있는 첫 번째 영작 책!

연필 잡고 쓰기만 하면 1형식부터 5형식 문장을 모두 쓸 수 있다!

띄엄띄엄 배웠던 시제를 한 번에 총정리!

동사의 3단 변화도 저절로 해결!

과학적 학습법이 총동원된 책!

짝단어로 외우니 효과 2배!

* 3·4학년용 영단어도 있어요!